人 RESSOURCES
氣 菓子工坊餅乾配方大公開！
值得一做再做

悉心仔細製作的48道配方

新田あゆ子

U0085725

出版菊

前言

初次相會大家好。

謝謝大家購買本書。

菓子工房Ressources，開幕於2006年10月的東麻布與東京鐵塔毗鄰之處。

店內可依個人喜好與送禮對象，自由挑選出烘焙糕點，

並將其組裝成禮盒。

充分設身處地考量客人們與受贈者所挑選，

能與顧客們一起思考，在這樣的心情下度過每一天，

讓我們想要製作出更多更美味的糕點。

另外，在糕點教室裡，同學們更擁有無限的想像，

認真快樂地進行製作。

糕點，感覺總是可以讓人抱持著「為某人著想的空間」。

我個人覺得這樣的想法正是做出美味糕點最重要的一環。

所謂的「製作」，不是那麼簡單的事，隨便製作絕對無法精進。

但不可思議的是，只要保持著「想要更進步」、「希望對方能開心享用」的心情，

之後的成品就能夠有長足的正向改變。

也許正是抱持著這樣的心情，每個步驟都會很認真仔細吧。

本書當中，即使種類不多，但收錄的都是能增添口感，

擁有令人欣喜的形狀大小，各式變化組合。

首先，請從自己覺得喜歡的開始試著製作吧。

接著再將它們裝入自己珍貴保存的瓶罐或盒子中。

不用想得太複雜，為了心中最珍視的人，試著烘焙看看吧。

烘焙的時間就是思念著對方的時間。

本書若是能在這樣的思念當中有所助益，將是我最感到欣慰的事。

菓子工房Ressources

新田あゆ子

Contents

◎本書的使用方法

· 烤箱的溫度和時間，是以瓦斯烤箱為參考標準。會因熱源
與機種的不同而導致成品的差異，請再自行調整。

· 雞蛋使用的是 L 尺寸。全蛋 60g、蛋黃 20g、蛋白 40g。
作為量測用量的參考非常方便。

· 所有的材料皆以公克表示。小數點以下時，則請使用能量
測到微量的電子秤來量測。

關於菓子工坊 RESSOURCES

　　彷彿童話般充滿趣味的菓子工坊 RESSOURCES 東麻布店，周圍環繞著高樓大廈，都市一隅的小小的甜點店。

　　姐妹倆在此開始的糕點教室，至今已有10年了。最初是以介紹教室內製作的糕點為目的，在週末少量地開始販售。令人開心的是每週特地來購買糕點的顧客增加了，同時以商店和教室共同營運的經營方式也成為常態。

　　現在，還增加了齊備飲品空間、工房以及教室的淺草店，在以名店著稱的百貨公司松屋銀座店，一起工作的職員人數也成長了，但仔細謹慎地製作出在家庭內也可以完成的樸質糕點，並作為饋贈禮品，10年來始終沒有改變，將剛製作完成的美味餅乾，確實地完成並販售。長時間持續教學，也是讓我實際感受到對珍視之人的深切情意，而讓餅乾越發美味的緣故。想讓收禮者由衷地感受到喜悅，希望能以這樣的心情和期待，持續在工坊中製作出每塊餅乾。

　　RESSOURCES 在法語是「起源、發源」之意。重視製作美味糕餅之原點，作為製作者與顧客笑容的連結，希望每一處都能傳達這不變的風味。

充滿懷舊氣氛的淺草店。在櫥窗內擺放的現作糕點或餅乾，以及加入當季水果烘焙而成的馬芬、塔餅。

左：開設於淺草店內的糕點教室有單次或整套的課程。
在學生們製作的筆記中，詳細記載著照片及製作訣竅。
右：制服是不同色系的同款服裝。

左：飲料空間是懷舊的民宅風，即使男客人也能舒適放鬆的氣氛。
右上：由民宅改裝成居家氣氛的東麻布店。每週營業三天，很多客人都非常期待營業日。
右下：東麻布店的櫥窗。即使場地不同，也會準備相同的糕點。

製作出宛如糕點屋餅乾的訣竅

在瓶罐中非常乖巧整齊排列著的糕點屋餅乾。
簡單地混拌材料後烘烤，但要製作出「漂亮、美味」卻意外地困難。
在此介紹即使在家庭中，也能烤出宛如糕點屋餅乾的訣竅。

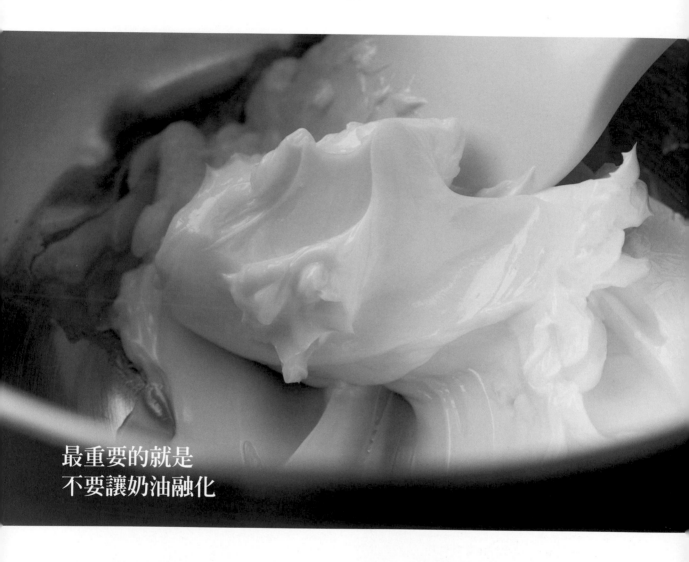

最重要的就是
不要讓奶油融化

入口時的脆度或膨鬆即化的口感，奶油的狀態就是其中的關鍵。為避免奶油變成液態，放置回復室溫或利用微波爐解凍功能，將其軟化成乳霜狀使用。大約是橡皮刮刀可以毫無困難地插入的硬度就是標準，也請注意避免融化。若在混拌材料時就融化，可以墊放冰水冷卻非常重要。此外，即使麵團製作狀態非常良好，奶油也有可能在整型時融化。變得過度柔軟的麵團則需要再次冷卻，只要稍微注意避免用手或擀麵棍等過度擀壓…等等，成品就能讓人耳目一新。

麵團製作的重點

使用雞蛋時以公克為單位

以量秤確實進行測量是糕點製作的基本，但本書當中連雞蛋也需要量測後使用。全蛋、蛋黃、蛋白會因餅乾的不同而有各式各樣的使用方法，重點是無論哪一種，都要充分混拌後再與其他材料混合製作。

雞蛋L尺寸＝60g（蛋黃＝20g、蛋白＝40g）只要記住就能作為參考標準了。

使奶油、雞蛋乳化

所謂的乳化，指的就是將油脂成分和水分充分混拌後呈現之狀態。製作餅乾時，確實使奶油和雞蛋乳化就能製作出美味的成品。因此在混拌雞蛋時，少量逐次地加入，並在每次加入後充分乳化，就能避免失敗。

以固定的節奏混拌

餅乾麵團變硬的原因之一，就是添加粉類時揉和了麵團。在添加粉類時，以橡皮刮刀切拌麵團2次、第3次翻起麵團。以此作為一套循環，1、2、3地以固定節奏有效率地進行混拌，混拌至粉類完全消失為止。

使麵團均勻

麵團製作完成，以橡皮刮刀呈現均勻狀態。使用橡皮刮刀的表面，少量逐次地混拌麵團，翻起向自己的方向拌勻。重覆幾次混拌全體，一旦排出多餘的空氣，就能讓混拌時的材料硬塊及不均勻處完全消失，變成滑順的麵團。

關於烘烤完成

無論是哪種烤箱，內側都比較容易烤焦、外側比較不容易烘烤，而呈現不均勻的狀態。此時，不要因為已經超過烘烤時間就瞬間將餅乾取出，在烘烤完成時，還是請大家一片片地進行確認吧。很重要的是要確認薄片餅乾的表面及內側，是否都呈現漂亮的烘烤色澤，厚片餅乾不僅是烘烤色澤，還必須剝開一片看看中央處是否已完全烤透。添加較多砂糖的餅乾，由烤箱取出後，可能會因餘溫持續而致使烘烤色澤顏色變深，必須多加注意。確實烘烤完成的餅乾，可以長時間維持美味，因此確認每一片餅乾的狀態非常重要。

關於保存以及最佳享用期

餅乾相較於剛烘烤完成,確實冷卻後風味滲入才是最佳享用時刻。無論哪一種餅乾,一旦保存狀態不佳,就會受潮而完全失去美味。濕氣是餅乾的天敵,因此烘烤完成後,必須充分放涼,再移至密閉容器內放入乾燥劑保存。乾燥劑無論是矽膠(silica gel)或是片狀乾燥劑都可以,但裝箱時,建議使用片狀類型比較不佔空間。

◎本書中配方的餅乾保存期及最佳食用時機
保存期間:常溫狀態下10天
          (果醬夾心餅乾P.89則是7天)
最佳食用時機:確實冷卻後

模型餅乾

像塔餅般酥脆的口感，容易脫膜的紮實麵團，
正是模型餅乾麵團的基本特徵。
可以品嚐出奶油美味的布列塔尼酥餅 Galette 或砂布列 Sablés，
入口即化酥鬆口感的西班牙傳統烤餅 Polvorón 等，
使用模型製作的餅乾，可以有相當豐富的變化。

01.
原味餅乾

模型餅乾或烤盤餅乾等，
魅力在於酥脆的口感。
製作方法⇒P.14

01.
原味餅乾

【材料】 厚4mm、25×23cm的片狀 2 片

奶油（無鹽）… 148g

糖粉 … 120g

全蛋 … 56g

杏仁粉 … 60g

低筋麵粉 … 288g

【預備作業】

・奶油、雞蛋放至回復室溫。

・雞蛋量測出所需用量，充分攪拌備用。

・糖粉、低筋麵粉各別過篩備用。

・在烤盤上舖放烤盤紙（若有則使用矽膠烘焙墊 silpan）。

在缽盆下方墊放濕布巾可以更容易進行

將奶油放入缽盆中，以橡皮刮刀攪散。

加入糖粉，避免攪入空氣地以橡皮刮刀按壓材料般地進行混拌。

混拌至奶油和糖粉完全融合。

少量逐次地加入全蛋，每次加入後皆充分混拌至乳化。

避免攪入空氣地使用橡皮刮刀，混拌至材料彷彿可脫離缽盆般。

待麵團產生彈性時，即已完成混拌。

加入杏仁粉，以橡皮刮刀充分混拌。

待杏仁粉與麵團完全融合後，混拌至粉類完全消失為止。

除去墊在缽盆底部的布巾，加入全量的低筋麵粉，以橡皮刮刀彷彿切開麵團般地進行2次混拌。

巧克力風味餅乾　●原味餅乾麵團中加入可可粉的風味。

【材料】 厚4mm、25×23cm的片狀 1片
奶油（無鹽）… 100g
糖粉 … 60g
全蛋 … 32g
杏仁粉 … 20g

A
低筋麵粉 … 150g
可可粉（無糖）… 18g
鹽 … 1g

【預備作業】
・混合 A 之後過篩備用。
・除以上之外，皆與 P.14「原味餅乾」
　的預備作業相同。

【製作方法】
請參照 P.14「原味餅乾」，以相同方法
製作。

10 持續由底部將麵團全部翻起地混拌。重覆2次切拌、第3次翻起麵團，避免揉和地混合均勻。

11 待粉類完全消失後，麵團沾黏在橡皮刮刀上不易混拌時，即已完成。過度混拌會導致麵團變硬請多加注意。

12 使用橡皮刮刀的表面，朝身體方向壓碎般地壓拌麵團。至全體完全均勻並呈滑順狀為止。

將塑膠袋的兩側切開
呈片狀的塑膠墊。
堅固且方便

13 整合麵團，覆蓋塑膠墊。使用塑膠墊，可以使柔軟麵團的擀壓更順利。

14 用擀麵棍由上方進行按壓以推展開麵團。使用擀麵棍時，可以避免因手部的溫度而導致奶油融化，也能更均勻地擀壓。

15 擀麵棍兩端架在放置於麵團兩端的切割棒上，將麵團擀壓成4mm的厚度。以擀壓後平整的狀態放入冷凍室約1小時，使麵團呈堅硬可取出的狀態。

烘焙不夠的部分，
烘烤數分鐘後
再次確認

16 從塑膠墊中取出麵團放置於工作檯上，以自己喜歡的模型按壓。使用掌根力量由上按壓就能漂亮地壓切出形狀。

17 以適當的距離排放在烤盤上，用170℃的烤箱烘烤12分鐘。確認兩面都烘焙至呈現烘烤色澤後，取出。完成烘焙後，放置於蛋糕冷卻架上，確實冷卻。

18 再次集中其餘的麵團，參照 P.31的 **10**，整合成圓柱狀後，再次擀平冷卻按壓成形。

02.
砂糖餅乾

使用兩個環狀菊形模按壓出的餅乾。
按壓後留下的中央部分可以作成開心果和榛果風味餅乾，
能同時享受兩種不同的風味。
製作方法⇒ P.22

03.
開心果和
榛果風味的餅乾

表面塗抹了杏桃果醬呈現漂亮烘烤色澤的餅乾。
方便食用的一口大小，
香脆堅果的口感具有畫龍點睛的效果。
製作方法⇒ P.22

04.
巧克力夾心餅乾

夾心用了大量巧克力奶油餡的餅乾。
更夾了酥脆口感的薄餅脆片，
製作出小卻具滿足感的餅乾。
製作方法⇒P.23

05.
檸檬糖霜餅乾

有著紮實口感的餅乾，
搭配上清新爽口的檸檬糖夾心。
烘烤成薄型餅乾就是製作的重點。
製作方法⇒P.23

06.
布列塔尼酥餅

法國布列塔尼地區的傳統糕餅。
製作成厚厚的形狀，
請漂亮地烘烤出外側香脆內部軟潤的口感。
製作方法⇒P.24

07.
巧克力布列塔尼酥餅

切好的麵團放入烤模中烘烤而成的厚片餅乾。
微苦的巧克力麵團搭配上核桃和巧克力的甘甜，
恰如其分地呈現出美味。
製作方法⇒P.25

08.
布列塔尼砂布列（Sablés Breton）

具有豐富奶油風味的薄片烘焙餅乾。
為了製作出漂亮的形狀，更加仔細地混拌即為製作重點。
製作方法⇒ P.25

09.
起司布列塔尼砂布列（原味 / 香料）

彷彿是數次折疊的派餅麵團般，
有著香脆輕盈口感的脆餅。
請注意避免奶油融化地製作。
製作方法⇒ P.26

10.
西班牙傳統烤餅（Polvorón）

Polvorón是西班牙在耶誕節時不可或缺的節慶糕點。
入口即化的獨特酥鬆口感，
是將粉類烘烤後再加入所產生的。
製作方法⇒P.27

02. 砂糖餅乾

【材料】 厚4mm、直徑6.5cm的菊形模20個

奶油（無鹽）… 148g

糖粉 … 120g

全蛋 … 56g

杏仁粉 … 60g

低筋麵粉 … 288g

細砂糖 … 適量

【預備作業】

‧與P.14「原味餅乾」的預備作業相同。

【製作方法】

1　請參照P.14「原味餅乾」的**1～15**，製作出餅乾麵團。

2　將麵團取出放至工作檯上，以直徑6.5cm的菊形模按壓出形狀後，再以中央直徑3.5cm的菊形模按壓。

3　在**2**的表面毫無遺漏地均勻撒上細砂糖，取適當間隔地排放在烤盤上。

4　170℃的烤箱烘烤18分鐘。至全體呈現烘烤色澤後，確認其完成的程度，用抹刀取出。若有尚未完全烘烤到的，則再次烘烤數分鐘後，確認烘烤色澤。

5　完成烘烤後，放置於蛋糕冷卻架上，完全冷卻。

03. 開心果和榛果風味的餅乾

【材料】 厚4mm、直徑3.5cm的菊形模45個

奶油（無鹽）… 74g

糖粉 … 60g

全蛋 … 28g

杏仁粉 … 30g

低筋麵粉 … 144g

杏桃果醬（市售）… 適量

開心果（無殼）… 適量

榛果 … 適量

【預備作業】

‧開心果和榛果放入170℃的烤箱中烘烤5～10分鐘後放涼，切成喜好的大小。

‧除此之外，都與P.14「原味餅乾」的預備作業相同。

【製作方法】

1　請參照P.14「原味餅乾」的**1～15**，製作出餅乾麵團。

2　將麵團取出放至工作檯上，以菊形模按壓出形狀後，取適當間隔地排放在烤盤上。

3　杏桃果醬放入鍋中，以中火加溫至柔軟。

4　以毛刷將杏桃果醬刷塗在**2**的表面。薄且均勻地塗抹。

5　擺放上開心果和榛果。以170℃的烤箱烘烤12分鐘。確認餅乾內側是否產生烘烤色澤，用抹刀取出。若有尚未完全烘烤到的，則再次烘烤數分鐘後，確認烘烤色澤。

6　完成烘烤後，放置於蛋糕冷卻架上，完全冷卻。

04. 巧克力夾心餅乾

【材料】 厚2mm、直徑3.5cm的菊形夾心餅乾90個
◎巧克力內餡
  | 牛奶巧克力 … 180g
  | 帕林內Praline（榛果）… 18g
即溶咖啡（粉狀）… 適量
薄餅脆片 … 適量（a）
以上之外，請參照P.15的「巧克力風味餅乾」。

【預備作業】
· 牛奶巧克力切碎，分成100g和80g。除此之外，
  都與P.15的「巧克力風味餅乾」的預備作業相同。

【製作方法】
1 請參照P.14「原味餅乾」的**1～14**，製作出餅乾麵團。
2 取一半用量的麵團放在工作檯上，擀壓成厚2mm
  後冷卻，以菊形模按壓出形狀後，取適當間隔地
  排放在烤盤上。其餘麵團也同樣地以模型按壓出
  形狀。
3 以170℃的烤箱烘烤12分鐘。烘烤至兩面都呈現烘
  烤色澤後，取出確認。尚未完全烘烤到的，則再次
  烘烤數分鐘後，確認。

4 取100g切碎的牛奶巧克力放入缽盆中，隔水加熱
  融化。停止隔水加熱後，放入其餘的80g，全部加
  入後以橡皮刮刀充分混拌。
5 加入榛果帕林內混拌，製作成巧克力榛果內餡。
6 分成3等分，2份用於內側夾心，以湯匙舀起**5**的
  巧克力榛果內餡在餅乾上，接著放咖啡粉和薄餅脆
  片，再覆蓋上其他餅乾夾住。
7 將**6**放入冷凍室約1分鐘冷卻固定。用湯匙將剩餘
  的巧克力榛果內餡舀在表面，並用湯匙背以畫圈
  方式推開，撒上咖啡粉。在常溫中放至完全乾燥
  為止。

薄餅脆片
將薄脆餅乾敲碎後呈片狀
的餅乾片。香脆口感是特
徵，經常混拌至巧克力中
使用。

---

05. 檸檬糖霜餅乾

【材料】 厚2mm、直徑4×3cm的橢圓形模90個夾心餅乾
檸檬皮 … 2個
檸檬糖（糖粉80g＋檸檬汁 … 10～12g）
糖粉 … 適量
以上之外，請參照P.14的「原味餅乾」。

【預備作業】
· 檸檬皮用刮皮刀（a）磨成屑。除此之外，都與P.14
  的「原味餅乾」的預備作業相同。

【製作方法】
1 請參照P.14「原味餅乾」的**1～12**，製作出餅乾麵
  團。加入檸檬皮，迅速地混拌全體。
2 參照P.15的**13～14**將擀壓麵團並冷卻。
3 取出麵團放至工作檯上，擀壓成厚2mm後，以橢
  圓形模按壓出形狀。取適當間隔地排放在烤盤上。
  其餘麵團也同樣地以模型按壓出形狀。
4 請參照P.15的**17～18**完成烘烤後冷卻。
5 製作檸檬糖霜。在缽盆中放入糖粉和檸檬汁，以橡
  皮刮刀充分混拌（b）。
6 將烤好的**4**分成一半以湯匙舀起**5**後擺放，覆蓋上
  另一半餅乾夾住。在常溫中放至完全乾燥為止。
7 用茶葉濾網將大量糖粉篩撒在表面。

06. 布列塔尼酥餅

【材料】 厚1.5cm、直徑5cm的圓形模8個

發酵奶油 … 120g

糖粉 … 72g

鹽 … 1.2g

A │ 蛋黃 … 24g
　│ 蘭姆酒 … 12g

低筋麵粉 … 120g

蛋液（全蛋60g＋蛋黃20g＋牛奶數滴）

【預備作業】

· 奶油、雞蛋放至回復室溫。

· 雞蛋量測出所需用量，充分攪拌備用。

· 糖粉、低筋麵粉各別過篩備用。

· 將A材料放入缽盆中充分混拌。

· 將蛋液材料放入缽盆中，充分混拌並以過濾器過濾備用。

· 在烤盤上舖放烤盤紙（若有則使用矽膠烘焙墊 silpan）。

· 環狀模內側塗抹奶油（用量外）備用。

【製作方法】

1 將奶油放入缽盆中，以橡皮刮刀攪散。

2 加入糖粉和鹽，避免攪入空氣地以橡皮刮刀按壓材料般地進行混拌。

3 加入A，充分混拌至乳化。混拌至材料產生彈性時，即已完成混拌。

4 加入全量的低筋麵粉，以橡皮刮刀彷彿切開麵團般地進行2次混拌、第3次翻起麵團，避免揉和地以固定節奏重覆1、2、3的動作混合材料。

5 待粉類完全消失後，使用橡皮刮刀的表面，朝身體方向壓碎般地壓拌麵團。至全體完全均勻並呈滑順狀為止。

6 整合麵團，覆蓋塑膠墊。用擀麵棍由上方進行按壓以推展開麵團。

7 麵團兩端放置切割棒，擀麵棍兩端架在切割棒上，將麵團 壓成1.5cm的厚度。擺放在方型淺盤上，置於冷凍室約1小時，使麵團變硬後取出。

8 取出放置於工作檯上，以圓形模按壓。以適當的距離排放在烤盤上，用毛刷將蛋液刷塗在表面（a），放置於冷藏室冷卻待蛋液乾燥後取出。

9 再次刷塗蛋液，利用叉子在表面劃出圖紋（b）。

10 將麵團逐一放入內側刷有奶油的環形模中（c），以160℃的烤箱烘烤35分鐘後，取出。脫去環形模再烘烤5分鐘，確認烘烤色澤，以抹刀取出。還未完成烘焙的，繼續烘烤5分鐘後再確認。完成烘焙後，放置於蛋糕冷卻架上，確實冷卻。

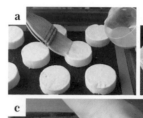

糖漿核桃
製作糖漿核桃。核桃放入170℃的烤箱中烘烤10分鐘，待降溫後，敲成小塊。將細砂糖煮至融化製作成糖漿，放入核桃浸漬一夜。

07. 巧克力布列塔尼酥餅

【材料】 厚1.5cm、5×5cm的盒子6個

發酵奶油 … 120g
糖粉 … 80g
鹽 … 1g
A 牛奶 … 20g
　白蘭地 … 15g
B 低筋麵粉 … 130g
　可可粉（無糖）… 10g
切成細碎狀的巧克力 … 30g ＋裝飾用適量
糖漿核桃（請參照P.24 **d**）
（核桃30g ＋細砂糖50g ＋水37g）

【預備作業】

· 奶油放至回復室溫。
· 將 **A** 材料放入缽盆中充分混拌。
· 混合 **B**、糖粉，各別過篩備用。

【製作方法】

1 將奶油放入缽盆中，以橡皮刮刀攪散。
2 加入糖粉和鹽，避免攪入空氣地以橡皮刮刀按壓材料般地進行混拌。
3 加入 **A**，以橡皮刮刀充分混拌。
4 加入全量的 **B**，以橡皮刮刀彷彿切開麵團般地進行2次混拌、第3次翻起麵團，避免揉和地以固定節奏重覆1、2、3的動作混合材料。
5 加入30g切碎的巧克力並粗略地混拌。
6 與P.24「布列塔尼酥餅」的 **5 ～ 6** 相同地製作麵團，與 **7** 相同地冷卻。但在此厚度為1cm。
7 切成5×5cm大小後，放入盒內（P.24的 **e**）。
8 擺放上核桃和巧克力，排放在烤盤上，以160℃的烤箱烘烤20分鐘。確認表面的烘烤色澤，以抹刀取出。還未完成烘焙的，繼續烘烤數分鐘，完成烘焙後，放置於蛋糕冷卻架上，確實冷卻。

---

08. 布列塔尼砂布列（Sablés Breton）

【材料】 厚4mm、直徑4cm的圓形模25個

發酵奶油 … 60g
糖粉 … 56g
鹽 … 1.2g
蛋黃 … 24g
杏仁粉 … 28g
A 低筋麵粉 … 80g
　泡打粉 … 8g

【預備作業】

· 奶油、雞蛋放至回復室溫。
· 蛋量測出所需用量，充分攪拌備用。
· 將 **A** 材料過篩備用。
· 在烤盤上舖放烤盤紙（若有則使用矽膠烘焙墊 silpan）。

【製作方法】

1 將奶油放入缽盆中，以橡皮刮刀攪散。
2 加入糖粉和鹽，避免攪入空氣地以橡皮刮刀按壓材料般地進行混拌。
3 加入蛋黃，充分混拌至乳化。
4 加入杏仁粉，以橡皮刮刀混拌。
5 加入 **A** 的全部用量，以橡皮刮刀彷彿切開麵團般地進行2次混拌、第3次翻起麵團，避免揉和地以固定節奏重覆1、2、3的動作混合材料。
6 待粉類完全消失後，使用橡皮刮刀的表面，朝身體方向壓碎般地壓拌麵團。至全體完全均勻並呈滑順狀為止。
7 整合麵團，覆蓋塑膠墊。用擀麵棍由上方進行按壓以推展開麵團。
8 麵團兩端放置切割棒，擀麵棍兩端架在切割棒上，將麵團均勻擀壓成4mm的厚度。擺放在方型淺盤上，置於冷凍室約1小時，麵團變硬後取出。
9 取出放置於工作檯上，以圓形模按壓。以間隔3cm以上的間距排放在烤盤上，以170℃的烤箱烘烤12分鐘。待邊緣呈深濃烤色時，以抹刀取出。還未完成烘焙的，繼續烘烤數分鐘後再確認。完成烘焙後，放置於蛋糕冷卻架上，確實冷卻。

09. 起司布列塔尼砂布列（原味／香料）

沒有食物調理機時，可使用刮板將奶油切碎

♣ 原味餅乾

【材料】 厚1cm、3×2.5cm的菊形模18個

奶油（無鹽）… 30g

A
| 低筋麵粉 … 50g
| 帕瑪森起司（粉狀、非人工起司）… 40g

B
| 蛋黃 … 10g
| 鮮奶油（乳脂肪成分38%）… 10g

蛋液（全蛋60g＋蛋黃20g＋牛奶數滴）

【預備作業】

・奶油至使用前都放置於冷藏室備用。

・混合A，過篩備用。

・將B放入缽盆中混合備用。

・蛋液材料放入缽盆中充分混合後，過濾備用。

・在烤盤上舖放烤盤紙（若有則使用矽膠烘焙墊silpan）。

【製作方法】

1 在A的缽盆中放入奶油，讓奶油表面沾裹上粉類。

2 將奶油取出放至工作檯上，切成1cm寬的棒狀，再次放回A的缽盆中，並使粉類沾裹在奶油塊的切面上。

3 將奶油取出放至工作檯上，儘可能地切細。

4 奶油放回A的缽盆中，切口沾裹上粉類後，放入冷凍室內1小時，冷卻至手指無法壓碎的硬度。

5 將4放入食物調理機內攪拌。攪拌至以手舀起時沒有塊狀奶油殘留，整體略呈黃色為止。

6 將5移至缽盆，並加入B。

7 用橡皮刮刀由底部翻起般大動作混拌，至水分完全消失後，為避免奶油融化地以手握住後立刻鬆開，重覆這樣的動作至將全體整合成團。待粉類完全消失，麵團整合成團時，即已完成混拌。

8 將麵團整合成方型，覆蓋塑膠墊。用擀麵棍由上方進行按壓以推展開麵團。

9 麵團兩端放置切割棒，擀麵棍兩端架在切割棒上，將麵團均勻擀壓成1cm的厚度。擺放在方型淺盤上，置於冷凍室約1小時，麵團變硬後取出。

10 取出放置於工作檯上，按壓模型。以適當的距離排放在烤盤上，用毛刷在表面刷塗蛋液，放於冷藏室冷卻至蛋液乾燥後取出。

11 再次以刷塗蛋液，使用叉子劃出圖紋。以160℃的烤箱烘烤20分鐘。剖開一個確認中央是否完全受熱完成烘烤。必須注意過度烘烤時味道會變苦。以抹刀取出，放置於蛋糕冷卻架上，確實冷卻。

♣ 香料餅乾

【材料】 厚1cm、2×2cm的方形32個

葛縷子（Caraway seeds）… 1g（加入A中）

＊與孜然的形狀相似，帶有淡淡柔和香氣是特徵。除此之外，請參照「原味餅乾」。

【預備作業】

・葛縷子以研磨器將其磨碎，與其餘的A混合過篩備用。

・除此之外，都與「原味餅乾」的預備作業相同。

【製作方法】

1 請參照上述1～9進行麵團製作、冷卻。

2 麵團取出放至工作檯上，切下麵團四個邊呈直線狀。依尺規標示出2×2cm的大小後，切開。以適當間距地排放在烤盤上，表面以毛刷塗刷蛋液，放入冷藏室待蛋液乾燥後取出。

3 請參照上述11，完成烘焙後放涼。

10. 西班牙傳統烤餅（Polvorón）

【材料】 厚1cm、直徑4.5cm的環形模10個

奶油（無鹽）… 50g

糖粉 … 40g

鹽 … 1g

鮮奶油 … 10g

A
　低筋麵粉 … 50g
　米粉 … 25g
　杏仁粉 … 60g
　肉桂、肉荳蔻 … 各0.2g

【預備作業】

· 奶油、鮮奶油放至回復室溫。

· 低筋麵粉、杏仁粉各放入170℃的烤箱中烘烤
　20～30分鐘，放涼後再行量測。（a 低筋麵粉、
　b 杏仁粉）。

· 將A材料過篩備用。

· 在烤盤上舖放烤盤紙。

【製作方法】

1　將奶油放入缽盆中，以橡皮刮刀攪散。加入糖粉和
　　鹽，避免攪入空氣地以橡皮刮刀按壓材料般地進行
　　混拌。

2　加入鮮奶油，充分混拌至乳化。

3　加入A的全部用量，以橡皮刮刀彷彿切開麵團般
　　地進行2次混拌、第3次翻起麵團，避免揉和地以
　　固定節奏重覆1、2、3的動作混合材料。

4　待粉類完全消失後，使用橡皮刮刀的表面，朝身體
　　方向壓碎般地壓拌麵團。至全體完全均勻並呈滑順
　　狀為止。

5　整合麵團，覆蓋塑膠墊。用擀麵棍由上方進行按壓
　　以推展開麵團。

6　麵團兩端放置切割棒，擀麵棍兩端架在切割棒上，
　　將麵團均勻擀壓成1cm的厚度。擺放在方型淺盤
　　上，置於冷凍室約1小時，麵團變硬後取出（若能
　　將麵團放置於冷藏室一夜，就能使麵團更加融合不
　　易崩壞）。

7　取出放置於工作檯上，以圓形模按壓，並於適當位
　　置稍加偏移地按壓出半月形（c）。以適當間隔排放
　　在烤盤上（麵團非常容易崩壞，必須輕柔以待）。

8　以170℃的烤箱烘烤20分鐘。確認兩面的烘烤色
　　澤，再以抹刀取出。還未完成烘焙的，繼續烘烤數
　　分鐘後再確認。完成烘焙後，放置於蛋糕冷卻架
　　上，確實冷卻。

9　以茶葉濾網撒下大量糖粉（用量外）。

杏仁粉的烘烤速度
較快

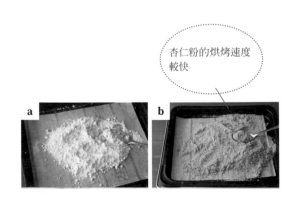

a　　b

c

冰箱餅乾 Icebox Cookies

將麵團整合成棒狀，放入冷凍室待其冷卻變硬後再進行分切的餅乾。
即使是邊緣都能漂亮地切下。
只要更換個人喜好的風味，口味上就能有無限的變化，
請大家試著找出自己最喜歡的風味。

11.
香草餅乾

酥鬆的餅乾及周圍裹上的細砂糖，
營造出輕盈口感。
飄散著淡淡香草香氣、風味簡樸的餅乾。
製作方法⇒ P.30

12.
紅茶餅乾

切成碎末的茶葉直接攪拌至麵團中，
風味十足的餅乾。
優雅的風味，最適合搭配下午茶享用。
製作方法⇒ P.31

13.
綠茶餅乾

綠茶淡淡的澀味更加呈現出成熟氣息。
完成時篩撒的糖粉恰到好處地提升了甜味。
是一款能品嚐到日式風味、後韻十足的餅乾。
製作方法⇒ P.31

14.
胡桃餅乾

整顆堅果非常適合搭配麵團酥脆的口感，
同時又帶著清淡香甜的餅乾。
烘烤過的堅果揉和至麵團當中，呈現出豐厚的香氣。
製作方法⇒ P.32

15.
巧克力餅乾

巧克力麵團搭配上巧克力的組合，
是巧克力愛好者無法抗拒的餅乾。
周圍撒上的細砂糖讓風味更上層樓。
製作方法⇒ P.33

11.
香草餅乾

【材料】 直徑 2.5cm 的棒狀 2 條

奶油（無鹽）… 120g

糖粉 … 100g

鹽 … 0.3g

蛋黃 … 20g

香草莢 … 1.5cm

低筋麵粉 … 200g

手粉（高筋麵粉）、細砂糖、
　蛋白 … 各適量

【預備作業】

· 奶油、雞蛋放至回復室溫。

· 蛋量測出所需用量，充分攪拌備用。

· 糖粉、低筋麵粉各別過篩備用。

· 用刀背刮出香草莢內的香草籽（a）。

· 在烤盤上舖放烤盤紙。

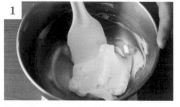

1 將奶油放入缽盆中，以橡皮刮刀攪散。

2 加入糖粉和鹽，避免攪入空氣地以橡皮刮刀按壓麵團般地進行混拌。

3 加入蛋黃，充分混拌至乳化。

4 加入香草籽，先在缽盆邊緣將少量材料與香草籽均勻混拌後，再全體混拌。如此就能避免香草籽集中於一處造成混拌不均。

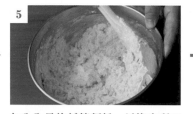

5 加入全量的低筋麵粉，以橡皮刮刀彷彿切開麵團般地進行 2 次混拌、第 3 次翻起麵團，避免揉和地以固定節奏重覆 1、2、3 的動作混合材料。

6 待粉類完全消失後，麵團沾黏在橡皮刮刀不易混拌時，即是已完成混拌的指標。用刮板將沾黏在橡皮刮刀上的麵團刮落。

7 使用橡皮刮刀的表面，朝身體方向壓碎般地壓拌麵團。至全體完全均勻並呈滑順狀為止。

8 將麵團推展成相同厚度，擺放於方型淺盤上放入冷凍室 10 分鐘冷卻。再移至冷藏室，約放置 20 分鐘冷卻至無法以手指按壓之硬度後，再取出。

9 將麵團分成 2 等分，放置在工作檯上，不使用手粉地由上方以掌根按壓，迅速地壓開麵團。

12.紅茶餅乾 / 13.綠茶餅乾

【材料】 紅茶：直徑4cm（綠茶：直徑2.5cm）的棒狀 2 條

奶油（無鹽）… 100g

糖粉 … 60g

鹽 … 0.3g

蛋黃 … 20g

A｜低筋麵粉 … 180g
｜茶葉（紅茶）… 4g（綠茶使用綠茶粉 … 12g）

蛋白、細砂糖（綠茶是糖粉）、
　手粉（高筋麵粉）… 各適量

【預備作業】

‧ 紅茶茶葉切碎（或用研磨器磨碎）

‧ 混合 **A** 之後過篩備用。

‧ 與 P.30「香草餅乾」的預備作業相同。

【製作方法】

1　與 P.30 的「香草餅乾」**1 ～ 3** 相同製作餅乾麵團。

2　參照 P.30 的 **5 ～ 12**，將麵團整合成棒狀。紅茶是以直徑4cm（綠茶是直徑2.5cm）為標準，以板狀物品來滾動麵團。

3　參照下述 **13 ～ 18**，紅茶餅乾也是同樣地完成烘烤（綠茶餅乾不刷蛋白、不沾裹細砂糖地直接烘烤，完成後，降溫，篩上糖粉）。

10 邊使用手粉邊將麵團各別整合成圓柱狀。

11 邊撒上手粉，邊用手掌轉動麵團地將其整合成均勻的細長圓柱狀。

12 待整合成直徑約2.5cm時，為避免完成時殘留手指形狀，在上方以平滑的板狀物來滾動麵團。

13 將麵團放在紙（影印紙等）上，由邊緣開始捲起，放入冷凍約1小時。

14 方型淺盤上舖放紙張並撒上細砂糖。配合麵團長度地以刮板將細砂糖推平。

15 剝除包覆紙張後，以毛刷在麵團上刷塗蛋白。

烘焙不足的麵團，烘烤數分鐘後再次確認

16 將**15**放在靠近身體的方向，向外以兩手滾動麵團一圈，均勻沾裹細砂糖。輕叩方型淺盤以除去多餘的細砂糖。

17 切成7mm左右的厚度。因麵團較堅硬，因此按壓刀尖，以刀身靠近握柄處來分切，較能切得整齊漂亮。

18 以適當的距離排放在烤盤上，用170℃的烤箱烘烤12分鐘。翻面確認烘烤色澤。完成烘焙後，放置於蛋糕冷卻架上，確實冷卻。

14.胡桃餅乾

【材料】 1.5×4cm的長方體 2 條
奶油（無鹽）… 74g
糖粉 … 30g
紅砂糖（若無可用蔗糖）… 30g
全蛋 … 30g
胡桃 … 60g

A ┌ 低筋麵粉 … 100g
　├ 高筋麵粉 … 50g
　└ 泡打粉 … 4g

手粉（高筋麵粉）… 適量
細砂糖 … 適量
蛋白 … 適量

【預備作業】
· 奶油、雞蛋放至回復室溫。
· 雞蛋量測出所需用量，充分攪拌備用。
· 混合的 A、糖粉各別過篩備用。
· 胡桃以 160℃的烤箱烘烤約 10 分鐘左右，烘烤至
　飄出香氣，放涼備用。
· 在烤盤上舖放烤盤紙。

【製作方法】
1 將奶油放入鉢盆中，以橡皮刮刀攪散。
2 加入糖粉和紅砂糖，避免攪入空氣地以橡皮刮刀按
　壓麵團般地進行混拌。
3 分數次加入全蛋，每次加入都充分混拌至乳化。
4 加入胡桃，用橡皮刮刀混拌全體。
5 加入全量的 A，以橡皮刮刀彷彿切開麵團般地進行
　2 次混拌、第 3 次翻起麵團，避免揉和地以固定節
　奏重覆 1、2、3 的動作混合材料。
6 將麵團推展成相同厚度，擺放於方型淺盤上放入冷
　凍室 10 分鐘冷卻。再移至冷藏室，約放置 20 分鐘
　冷卻至無法以手指按壓之硬度後，再取出。
7 將麵團放置在工作檯上，各別分切成 2 等分。以掌
　根按壓，迅速地壓開麵團。
8 邊使用手粉邊將麵團各別整合成圓柱狀。
9 邊撒上手粉，邊用擀麵棍將分切處擀壓成長方形般
　地將其整合成長方柱狀。
10 在麵團兩側放置尺規，輕輕敲叩在工作檯上，以成
　爲長方柱狀地整合角度。

11 將麵團放在紙（影印紙等）上，由邊緣開始將其捲
　起放入冷凍約 1 小時。
12 方型淺盤上舖放紙張並撒上細砂糖。配合麵團長度
　地以刮板將細砂糖推平。
13 剝除包覆紙張後，以毛刷在麵團外側刷塗蛋白。
14 將 13 放在 12 上，以兩手輕輕按壓使全體均勻沾裹
　細砂糖。變更方向地立起麵團，輕叩方型淺盤以除
　去多餘的細砂糖。
15 用刀子切成 1cm 左右的厚度。因麵團較堅硬，因此
　按壓刀尖，以刀身靠近握柄處來分切，較能切得整
　齊漂亮。
16 以適當的距離排放在烤盤上，用 170℃的烤箱烘烤
　13 分鐘。翻面確認烘烤色澤，以抹刀取出。還未
　完成烘焙的，繼續烘烤數分鐘後再確認。完成烘焙
　後，放置於蛋糕冷卻架上，確實冷卻。

15. 巧克力餅乾

【材料】 2.5×2.5cm的方柱狀 2 條

奶油（無鹽）… 74g

糖粉 … 60g

全蛋 … 30g

碎巧克力 … 80g

A
低筋麵粉 … 94g
高筋麵粉 … 46g
可可粉（無糖）… 10g
泡打粉 … 4g

蛋白 … 適量

細砂糖 … 適量

手粉（高筋麵粉）… 適量

【預備作業】

· 奶油、雞蛋放至回復室溫。

· 雞蛋量測出所需用量，充分攪拌備用。

· 混合的 A、糖粉各別過篩備用。

· 在烤盤上舖放烤盤紙。

【製作方法】

1 將奶油放入缽盆中，以橡皮刮刀攪散。

2 加入糖粉，以攪拌器攪入空氣地進行混拌。

3 參照 P.32「胡桃餅乾」的 3，加入全蛋。

4 加入碎巧克力，用橡皮刮刀混拌全體。

5 參照 P.32「胡桃餅乾」的 5～8，將麵團整形成方柱狀。

6 邊撒上手粉，邊用擀麵棍將分切處擀壓成正方形般地將其整合成柱狀。

7 參照 P.32 的 12～14，沾裹上細砂糖。

8 參照 P.32 的 15，分切麵團。

9 以適當的距離排放在烤盤上，用 170℃的烤箱烘烤 15 分鐘。翻面確認烘烤色澤，以抹刀取出。還未完成烘焙的，繼續烘烤數分鐘後再確認。完成烘焙後，放置於蛋糕冷卻架上，確實冷卻。

冰箱餅乾 Icebox Cookies
雙色麵團製作的圖紋變化

在此介紹利用原味或巧克力等兩種顏色的麵團製作出的花紋。
以重疊麵團或包捲麵團等方式整型，
製作成更有視覺效果，令人心動的餅乾。

16. 渦漩餅乾

1 在烤盤紙上，將擀壓成片狀的兩色麵團表面，以毛刷薄薄地刷塗上全蛋液後疊起。墊放尺規，利用派皮切割器切出45度的邊緣切割面（**a**）。

2 以切割面的反側麵團為中心，開始包捲，邊貼合烤盤紙邊將麵團捲起成圓柱狀（**b**）。包捲完成時，沿著1切下的邊緣面在烤盤紙上輕輕按壓。烘烤時切成5mm的厚度。

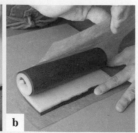

17. 留緣餅乾

1 準備直徑2.5cm的圓柱狀，和可貼合在周圍一圈，約長8cm板狀的兩色麵團（**a**）。

2 將板狀麵團擺放在烤盤紙上，用毛刷薄薄地刷塗全蛋液，在一側放置圓柱狀麵團，以此為圓心地捲起（**b**）。烘烤時切成5mm的厚度。

【所需物品】

・16、18、19…P.14「原味餅乾」、P.15「巧克力風味餅乾」的2種麵團。

・17…P.14「原味餅乾」、P.31「綠茶餅乾」的2種麵團。

・原以全蛋液做爲麵團黏著用，要先過篩。

【烘烤完成 / 烘烤時間】

・與 P.31「香草餅乾」的 **18** 相同

18. 直條紋餅乾

1 準備切成相同尺寸的板狀麵團，共計9片（**a**）。

2 片數較多的麵團留作兩側使用，以全蛋薄薄地刷塗，依序重組（**b**）。烘烤時切成5mm的厚度。

19. 大理石紋餅乾

1 麵團邊緣等，大小不均的2色板狀麵團相互交錯疊放，由上按壓後對折，再重疊按壓地重覆數次（**a**）。

2 當麵團整合後，以兩手滾動地整合成圓柱狀，再整型成長方柱狀（**b**）。以兩個尺規夾住按壓出角度，調整外觀（**c**）。烘烤時切成5mm的厚度。

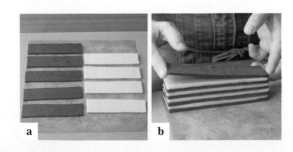

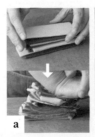

20.
黑糖脆餅

有著黑糖香氣和隱約甘甜風味的質樸脆餅。
用楓糖漿取代黑糖漿來製作也非常美味。
製作方法⇒ P.40

21.
甘薯脆餅條

確實能品嚐出烤甘薯風味的餅乾。
切成凸顯香脆的細條狀。
製作方法⇒P.41

22.
南瓜脆餅條

呈現出南瓜鮮艷色澤的餅乾。
與甘薯相同地分切成可以品味出口感的細條狀。
製作方法⇒P.41

23.
牛蒡脆餅

以刨削器削成薄片的牛蒡加入麵團中，
具大量食物纖維的餅乾。
紮實的口感，像下酒小點心般令人欲罷不能。
製作方法⇒ P.42

24.
全麥餅乾

分別使用奶油和油脂，2種脂類製作的輕爽餅乾。
略爲減量的甜度、全麥粉，
更烘托出巧克力的微苦風味。
製作方法⇒P.43

20.黑糖脆餅

【材料】 厚4mm、5×4cm的三角形50個

奶油（無鹽）… 30g
◎黑糖漿 … 40g（量測）
　黑糖 … 30g
　水 … 15g
鹽 … 0.5g

A
　杏仁粉 … 25g
　低筋麵粉 … 30g
　裸麥粉 … 25g
　玉米粉 … 30g
蛋液（全蛋60g＋蛋黃20g＋牛奶數滴）

【預備作業】

· 奶油放至回復室溫。
· 黑糖溶於水中，製作黑糖漿。
· 混合的 A 過篩備用。
· 蛋液的材料放入缽盆中，充分攪拌
　以過濾器過濾備用。
· 在烤盤上舖放烤盤紙。

【製作方法】

1 將奶油放入缽盆中，少量逐次加入黑糖漿，以橡皮
　刮刀混拌。

2 加入鹽，再次充分混拌。

3 加入 A 避免揉和地以橡皮刮刀混拌。

4 整合麵團，覆蓋塑膠墊。用擀麵棍由上方進行按壓
　以推展開麵團。

5 麵團兩端放置切割棒，擀麵棍兩端架在切割棒上，
　將麵團擀壓成4mm的厚度。放置於方型淺盤上，
　放入冷凍室約1小時，使麵團呈堅硬可取出之狀態
　後取出。

6 取出放置於工作檯上，以尺量測並以派皮切割器
　（a）分切成5×4cm的大小，再斜切成三角形。

7 以適當的距離排放在烤盤上，以叉子刺出排氣孔
　洞。用毛刷在表面刷塗蛋液，放入160℃的烤箱
　烘烤18分鐘後，確認兩面的烘烤色澤，以抹刀取
　出。還未完成烘焙的，繼續烘烤數分鐘後再確認。
　完成烘焙後，放置於蛋糕冷卻架上，確實冷卻。

派皮切割器
要將麵團切割成直線或波
浪狀時，非常方便的派皮
切割器。習慣之後就能
迅速地切出整齊漂亮的
線條。

21. 甘薯脆餅條

【材料】 厚4mm、1.25×7cm 50條

甘薯（新鮮）… 1條

發酵奶油、三溫糖 … 各40g

A | 低筋麵粉 … 100g
　 | 泡打粉 … 0.5g
　 | 鹽 … 0.3g

【預備作業】

· 以鋁箔紙包覆整條甘薯後，放入200℃的烤箱烘
　烤60分鐘（a）。
　以竹籤可刺穿的程度即可。
　放涼至與奶油混拌時不會融化奶油的溫度。
· 奶油放至回復室溫。
· 混合的A過篩備用。
· 在烤盤上鋪放烤盤紙。

【製作方法】

1　將烘烤過的甘薯去皮，以叉子等將其搗碎呈膏狀，
　預備100g備用。

2　放入奶油和三溫糖，以橡皮刮刀混拌。

3　加入A，以橡皮刮刀混拌。

4　整合麵團，覆蓋塑膠墊。用擀麵棍由上方進行按壓
　以推展開麵團。

5　麵團兩端放置切割棒，擀麵棍兩端架在切割棒上，
　將麵團擀壓成4mm的厚度。放置於方型淺盤上，
　放入冷凍室約1小時，麵團堅硬後將其取出。

6　剝除塑膠墊，取出放置於工作檯上，以尺量測並以
　派皮切割器分切成2.5×7cm的大小，再對半切成
　細細的長方形。

7　以適當的距離排放在烤盤上，用170℃的烤箱烘烤
　15分鐘後，確認兩面的烘烤色澤，以抹刀取出。
　還未完成烘焙的，繼續烘烤數分鐘後再確認。完成
　烘焙後，放置於蛋糕冷卻架上，確實冷卻。

22. 南瓜脆餅條

【材料】 厚4mm、1.25×7cm 50條

南瓜（新鮮）… 1/4個

以南瓜取代甘薯使用製作。

除此之外，請參照「甘薯脆餅條」

【預備作業】

· 南瓜去籽，以鋁箔紙包覆整塊南瓜後，放入200℃
　的烤箱烘烤30分鐘以上。
　以竹籤可刺穿的程度即可。
　放涼至與奶油混拌時不會融化奶油的溫度。
· 除此之外，與「甘薯脆餅條」的預備作業相同。

【製作方法】

請參照上述，以相同方法製作。

23. 牛蒡脆餅

【材料】 厚4mm、2.5×1.5cm 90個

◎楓糖漿 … 50g（量測）
　　楓糖 … 30g
　　水 … 30g

太白胡麻油（白）… 55g
牛蒡 … 40g
鹽 … 0.3
　　低筋麵粉 … 60g
A　高筋麵粉 … 50g
　　玉米粉 … 65g
楓糖漿（完成時）… 適量

【預備作業】

· 牛蒡以刀背刮去表皮，以刨削器刨削成薄片（**a**）。

· 混合的**A**過篩，放入缽盆備用。

· 在鍋中放入楓糖漿材料，以中火加熱至沸騰。量測出50g，其餘留在完成時使用。

· 在烤盤上舖放烤盤紙。

【製作方法】

1　在缽盆中放入50g的楓糖漿，加入太白胡麻油，以橡皮刮刀混拌至乳化（**b**）。

2　放入牛蒡和鹽，充分混拌。

3　將**2**放入**A**的缽盆中，以橡皮刮刀混拌。

4　以塑膠墊覆蓋住麵團，用擀麵棍由上方進行按壓以推展壓平麵團。

5　麵團兩端放置切割棒，擀麵棍兩端架在切割棒上，將麵團擀壓成4mm的厚度。放置於方型淺盤上，放入冷凍室約1小時，麵團堅硬後將其取出。

6　取出麵團放置於工作檯上，以派皮切割器分切成寬1.5cm的帶狀，再以每隔2.5cm的長度斜向分切。以適當的距離排放在烤盤上，用毛刷將完成時用的楓糖漿刷塗於表面。

7　以170℃的烤箱烘烤20分鐘。烘烤至整體呈現烘烤色澤。以抹刀取出，放置於蛋糕冷卻架上，確實冷卻。

24. 全麥餅乾

【材料】 厚4mm、4×3cm 35個

奶油（無鹽）… 20g
糖粉 … 30g
太白胡麻油（白）… 40g
蛋白 … 15g
A
　低筋麵粉 … 50g
　全麥粉 … 75g
　鹽 … 0.3g
　可可粉（無糖）… 1.6g
　泡打粉 … 0.5g

【預備作業】

· 奶油放至回復室溫。
· 量測需要用量的蛋白，充分攪散備用。
· 混合的 **A**、糖粉各別過篩備用。
· 在烤盤上舖放烤盤紙。

【製作方法】

1 將奶油放入缽盆中，以橡皮刮刀攪散。

2 加入糖粉，避免攪入空氣地以橡皮刮刀按壓般混拌材料。

3 分3次加入太白胡麻油 **A**，每次加入後都充分混拌至乳化。

4 分次加入蛋白，每次加入都以橡皮刮刀充分混拌。

5 加入 **A** 避免揉和地以橡皮刮刀充分混拌。

6 整合麵團，覆蓋塑膠墊。用擀麵棍由上方推展開麵團。

7 麵團兩端放置切割棒，擀麵棍兩端架在切割棒上，將麵團擀壓成4mm的厚度。放置於方型淺盤上，放入冷凍室約1小時，麵團堅硬後將其取出。麵團容易變軟，所以必須確實冷卻至堅硬。

8 取出放置於工作檯上，以尺量測並以派皮切割器分切成4×3cm的大小。因為麵團較為脆弱，必須注意避免造成破損。

9 以適當的距離排放在烤盤上，並用叉子刺出孔洞。用180℃的烤箱烘烤10分鐘，待全體乾燥並產生淡淡烤色後，以抹刀取出。還未完成烘焙的，繼續烘烤數分鐘後再確認。完成烘焙後，放置於蛋糕冷卻架上，確實冷卻。

25.
原味奶油酥餅

奶油酥餅是蘇格蘭的傳統糕餅。
宛如積木般的四角形
以及大量奶油風味的酥鬆口感，
是下午茶糕點中不可或缺的存在。
製作方法⇒P.46

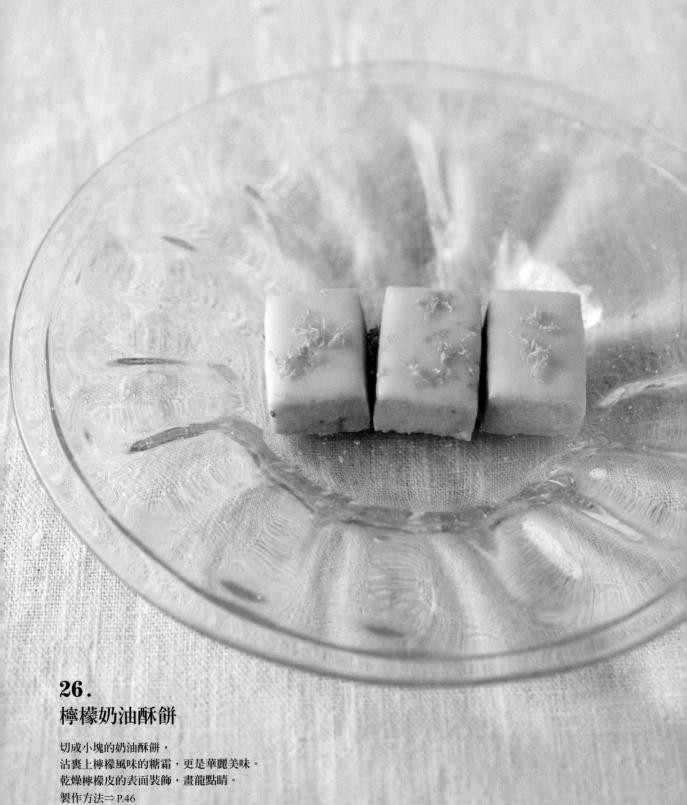

26.
檸檬奶油酥餅

切成小塊的奶油酥餅，
沾裹上檸檬風味的糖霜，更是華麗美味。
乾燥檸檬皮的表面裝飾，畫龍點睛。
製作方法⇒P.46

25.
原味奶油酥餅

【材料】 厚1cm、1.5×7cm的長方條狀30條

奶油（無鹽）… 130g

A
｜低筋麵粉 … 200g
｜米粉 … 50g
｜糖粉 … 55g
｜鹽 … 1.5g

牛奶 … 30g

【預備作業】

・奶油放至回復室溫。
・混合的 A 過篩備用。
・在烤盤上舖放烤盤紙。

沒有食物調理機時，
儘可能以刮板
將奶油切碎

1

將奶油放入 A 的缽盆中，表面沾裹粉類。

2

將奶油取出放至工作檯上，切成1cm寬的長方條狀，再次放回 A 的缽盆中，使切口都沾裹上粉類。

3

將奶油取出放至工作檯上，切成1cm的塊狀。

4

將3放入 A 的缽盆中，使切口沾裹上粉類，放入冷凍室1小時冷卻至以手指無法按壓的硬度為止。

5

將4放入食物調理機內，攪拌。沒有食物調理機時，可使用刮板將奶油切碎。

6

舀起看不到奶油粒時，即已完成攪拌。

---

26. 檸檬奶油酥餅

【材料】 厚1cm、1.5×3.5cm的長方狀60個

檸檬皮 … 2個
◎檸檬糖霜
｜糖粉 … 80g
｜檸檬汁 … 16g
檸檬皮（裝飾用）… 適量
除此之外，請參照「原味奶油酥餅」。

【預備作業】

・檸檬皮用刮皮刀（請參照P.23）磨成屑，稍加放置乾燥（a）。
・在烤盤上舖放烤盤紙。
・除此之外，與「原味奶油酥餅」的預備作業相同。

a

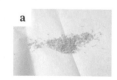

7 將**6**移至缽盆，加入牛奶。但若**6**過於冰涼會使得材料難以成團，必須多加注意。

8 用橡皮刮刀從底部大動作混拌。

若無法成團，可再加入少量數滴牛奶

9 避免奶油融化地重覆用手抓握，以整合麵團。待粉類完全消失時，即已完成混拌。

10 將麵團整合成四方形，覆蓋塑膠墊。用擀麵棍由上方按壓平整。

11 麵團兩端放置切割棒，擀麵棍兩端架在切割棒上，將麵團擀壓成1cm的厚度。放置於方型淺盤上，放入冷凍室約1小時冷卻。

12 取出放置於工作檯上，將四個邊緣切直後，以尺量測並標記出相同的大小再切分麵團。

13 以適當的距離排放在烤盤上，並用叉子刺出孔洞。用130℃的烤箱烘烤約60分鐘。幾乎不會烘烤上色，因此必須剝開一條確認中央處是否完成烘烤。以抹刀取出。放置於蛋糕冷卻架上，確實冷卻。

【製作方法】

1 加入檸檬皮，參照上述**1**～**9**地混拌材料。

2 參考上述**10**～**13**地完成烘烤並放涼（在**12**分切時，長度切半）。

3 在缽盆中放入糖粉和檸檬汁，以橡皮刮刀充分混合攪拌，製作糖霜（**b**）。

4 拿起**2**，將單側沾裏上糖霜後翻面（**c**、**d**）。排放在方型淺盤上放於常溫至乾燥為止。此時若糖霜滴流下來，則是過稀的證明。充分混合攪拌，以調整出糖霜在表面形成固定包覆的硬度（**e**）。在糖霜完全乾燥前擺放上裝飾的檸檬皮。

b

c

d

e 太稀狀態　恰好凝固

雪球餅乾

在口中滾動、唇齒間的美味嚼感。

球狀餅乾在手中滾動成型。

即使沒有模型，也能完成可愛的造型，非常輕鬆簡單。

27.
雪球

滾動成圓形烘烤完成,再撒上糖粉的人氣餅乾。
最適合搭配咖啡或紅茶享用。
製作方法⇒P.50

28.
核桃青豆粉雪球餅乾

加入麵團中脆口的核桃
與柔和甘甜風味的青豆粉十分速配。
視覺上也是漂亮的綠色,可作為伴手禮。
製作方法⇒P.51

27.
雪球

【材料】 分切成5g共60個

奶油（無鹽）… 100g

糖粉 … 27g

A
杏仁粉 … 50g
低筋麵粉 … 85g
玉米粉 … 40g
鹽 … 1g

糖粉（完成時用）… 70g（參考）

【預備作業】

・奶油放至回復室溫。

・混合的 A、糖粉各別過篩備用。

・在烤盤上舖放烤盤紙。

將奶油放入缽盆中，以橡皮刮刀攪散。

加入糖粉，避免攪入空氣地以橡皮刮刀進行混拌。

整合材料，混拌至能看到底部般地程度。

加入全量的低筋麵粉，以橡皮刮刀彷彿切開麵團般地進行2次混拌、第3次翻起麵團。避免揉和地以固定節奏重覆1、2、3的動作混合材料。

待麵團沾黏在橡皮刮刀不易混拌時，用刮板將沾黏在橡皮刮刀上的麵團刮落。

使用橡皮刮刀的表面，朝身體方向壓碎般地壓拌麵團。至全體完全均勻並呈滑順狀為止。

整合麵團，當麵團彷彿可剝離缽盆般，即是完成混拌。

覆蓋塑膠墊。用擀麵棍由上方進行按壓至麵團呈均勻的厚度，擺放在方型淺盤上，置於冷凍室約1小時，確實冷卻。

使用刮板，分切成小塊。

10

將**9**分切後的麵團放在量秤上,各別量測出5g。

11

用兩手的手掌搓揉呈圓形,以適當的距離排放在烤盤上。

12

用160℃的烤箱烘烤10分鐘。變換烤盤前後方向,再烘烤3～5分鐘。待表面呈色後,試著剝開一個確認中央處,若已無水分即完成烘烤。以抹刀取出。放置於蛋糕冷卻架上,確實冷卻。

13

將完成用的糖粉放入缽盆中,放入**12**,用手輕拂般地沾裹上糖粉。

14

放置於掌中,單手滾動地甩落多餘的糖粉。

糖粉儘可能在1mm以內的厚度,薄薄地沾裹就是重點

28.核桃青豆粉雪球餅乾

【材料】 分切成5g約68個

核桃 … 40g

紅糖(brown sugar)… 27g

A 　青豆粉 … 50g
　　糖粉 … 25g

糖粉改以紅糖替代。

除此之外,請參照P.50「雪球」。

a

【預備作業】

‧核桃以170℃烤箱烘烤10分鐘,放涼後切碎備用。

‧混合**A**的材料過篩備用(**a**)。

‧除上述之外,與P.50「雪球」的預備作業相同。

【製作方法】

1 請參照P.50的**1**～**6**混拌。

2 加入核桃,以橡皮刮刀混拌至全體整合成團。

3 參照P.50～P.51的**8**～**12**完成烘烤。參照**13**～**14**以**A**取代糖粉沾裹在外層。

29.
起司圓球餅乾（白芝麻／迷迭香）

口中充滿起司的香氣，甜度宜人的餅乾。
白芝麻的口感和風味，讓人停不下手。
起司和迷迭香超級相配，佐上紅酒令人欲罷不能。

29. 起司圓球餅乾（白芝麻／迷迭香）

♣ 白芝麻

【材料】 分切成5g共60個

奶油（無鹽）… 90g
細砂糖 … 20g
A　低筋麵粉 … 125g
　　泡打粉 … 1g
　　粉狀帕瑪森起司（非人工起司）… 80g
白芝麻 … 適量

【預備作業】

· 奶油放至回復室溫。
· 混合的A過篩備用。
· 在烤盤上舖放烤盤紙。

【製作方法】

1　將奶油放入缽盆中，以橡皮刮刀攪散。
2　加入細砂糖，避免攪入空氣地以橡皮刮刀進行混拌。
3　加入全量的A，以橡皮刮刀彷彿切開麵團般地進行2次混拌、第3次翻起麵團。避免揉和地以固定節奏重覆1、2、3的動作混合材料。
4　待麵團沾黏在橡皮刮刀不易混拌時，用刮板將沾黏在橡皮刮刀上的麵團刮落。
5　使用橡皮刮刀的表面，朝身體方向壓碎般地壓拌麵團。至全體完全均勻並呈滑順狀為止。
6　整合麵團，當麵團彷彿可剝離缽盆般的狀態，即是完成混拌。
7　覆蓋塑膠墊。用擀麵棍由上方進行按壓至麵團呈均勻的厚度，擺放在方型淺盤上，置於冷凍室半天～一夜，確實冷卻。使用刮板，分切成小塊。
8　參照P.51「雪球」的10，各別量測出5g。
9　白芝麻放入方型淺盤，按壓麵團的單面以沾裹上白芝麻再搓揉成圓形，以適當的距離排放在烤盤上。
10　用170℃的烤箱烘烤15分鐘。變換烤盤前後方向，再烘烤數分鐘。待表面呈色後，試著剝開一個確認中央處，若已無水分即完成烘烤。以抹刀取出，放置於蛋糕冷卻架上，確實冷卻。

♣ 迷迭香

【材料】 分切成5g約60個

迷迭香（新鮮）… 適量
除此之外，請參照「白芝麻」。

【預備作業】

· 迷迭香切碎備用。
· 除此之外，與「白芝麻」的預備作業相同。

【製作方法】

1　參照上述的1～6混拌材料。
2　參照上述的7～8分切麵團。
3　切碎的迷迭香放入方型淺盤，按壓麵團的單面以沾裹上迷迭香再搓揉成圓形，以適當的距離排放在烤盤上。
4　參照上述的10，完成烘烤。

以湯匙成形的
餅乾

近似液體的麵糊，以湯匙舀起滴落後烘烤的餅乾。
麵糊薄薄地烘烤，也可以加入乾燥水果或堅果一起烤。

30.
柳橙杏仁瓦片餅乾

在法語當中意思為瓦片的 Tuile，
特徵正如其名具彎曲的弧度。
添加杏仁薄片烘烤的餅乾具有酥脆和輕盈的口感。
製作方法⇒P.56

31.
芝麻薑味瓦片餅乾

有著芝麻粒粒分明口感的餅乾，令人樂在其中。
添加了黑、白兩種芝麻，
視覺、口感上都香氣十足。
製作方法⇒P.57

30.
柳橙杏仁瓦片餅乾

【材料】 直徑5cm 約60片

奶油(無鹽) … 50g
細砂糖 … 125g
蛋白 … 40g
柳橙汁 … 50g
柳橙皮 … 1個
低筋麵粉 … 40g
杏仁片 … 63g

【預備作業】

· 蛋白量測出所需用量，充分攪拌備用。
· 低筋麵粉過篩備用。
· 柳橙皮用刮皮刀磨削(a)，擠出柳橙汁。
· 烤箱以160℃預熱。

1 將奶油放入小鍋中以中火加熱，加熱至開始產生氣泡呈淡淡顏色時離火。

2 墊放冰水降溫。

3 將細砂糖和蛋白放入缽盆中。

> 靜靜地打發可以攪打出較細緻的氣泡。

4 以隔水加熱，避免產生大氣泡地緩慢混拌至細砂糖完全融入，無顆粒感為止。

5 停止隔水加熱，整合氣泡狀態。

6 加入柳橙汁，以攪拌器混合拌勻。

7 加入低筋麵粉，以橡皮刮刀混合拌勻。

8 加入2，以橡皮刮刀混合拌勻。

9 加入柳橙皮。

接著加入杏仁片。

墊放冰水，以橡皮刮刀混合拌勻。

冷卻至全體呈現稠濃狀態。

以湯匙將**12**舀起，留有間隔地滴落至烤盤上。

因為烘烤時麵糊會擴散開，所以必須留有足夠的間隔。

以160℃的烤箱烘烤15分鐘，烘烤完成後以抹刀將餅乾放置於擀麵棍上，輕輕按壓產生彎曲的弧度，取下餅乾放置於蛋糕冷卻架上，確實冷卻。

31.芝麻薑味瓦片餅乾

【材料】 直徑2.5cm約100片

奶油（無鹽）… 50g

細砂糖 … 100g

蛋白 … 90g

A | 低筋麵粉 … 35g
  | 薑粉 … 5g

白芝麻 … 40g

黑芝麻 … 23g

【預備作業】

・蛋白量測出所需用量，充分攪拌備用。

・混合**A**過篩備用。

・混合白芝麻、黑芝麻，以平底鍋略為炒香。

・在烤盤上舖放烤盤紙。

【製作方法】

1 參照P.56的**1～5**，同樣地混拌材料。加入**A**，再以橡皮刮刀混合拌勻。

2 加入芝麻再充分混拌。

3 參照P.56的**8**，加入奶油，以橡皮刮刀混合拌均。

4 參照上述的**11～12**，冷卻至產生稠濃狀為止。

5 以湯匙舀起，留有間隔地滴落至烤盤上。

6 用160℃的烤箱烘烤15分鐘，待至全體出現烤色時，即已完成烘烤。

7 用抹刀取出。烘焙不夠完全的部分，烘烤數分鐘後再次確認。烘烤完成後，放置於蛋糕冷卻架上，確實冷卻。

32.
葡萄乾薄餅脆片

使用了添加蜂蜜的蘋果汁和葡萄乾，
具柔和甜味。
包覆著水果乾的輕盈口感正是美味的秘訣。
製作方法⇒P.60

33.
無花果薄餅脆片

無花果具顆粒的口感，加上薄餅脆片的爽脆，
令人感到舒心美味的餅乾。
鮮奶油更能增添豐富的口感。
製作方法⇒P.60

34.
法國杏仁脆餅（Croquant）

在法語當中croquant就是「硬硬脆脆」的意思。
杏仁果薄薄地包覆住餅乾的輕盈爽脆，
令人可以享受到餅如其名的口感。
製作方法⇒P.61

32. 葡萄乾薄餅脆片

【材料】 直徑3cm的46個

　　　　太白胡麻油（白）… 35g
A　　　蜂蜜 … 30g
　　　　蘋果汁（100%原汁）… 70g
　　鹽 … 0.3g
　　葡萄乾 … 50g
　　　　低筋麵粉 … 100g
B　　　杏仁粉 … 25g
　　　　泡打粉 … 1.5g
　　薄餅脆片（請參照P.23）… 40g

【預備作業】

· 混合B過篩備用。
· 烤箱以170℃預熱。
· 在烤盤上舖放烤盤紙。

【製作方法】

1　在缽盆中放入A，以攪拌器混拌至乳化。
2　加入鹽、葡萄乾，以橡皮刮刀充分混拌。
3　加入B，以橡皮刮刀大動作混合拌勻。
4　以湯匙舀起麵糊，留有間隔地滴落至烤盤上。
5　用170℃的烤箱烘烤15分鐘。取出一片對半剝開確認中央處完全受熱後，以抹刀將餅乾取出。烘焙不夠完全的部分，烘烤數分鐘後同樣地確認。烘烤完成後，放置於蛋糕冷卻架上，確實冷卻。

33. 無花果薄餅脆片

【材料】 直徑4cm約30個

　　　　太白胡麻油（白）… 35g
A　　　蜂蜜 … 30g
　　　　鮮奶油 … 70g
　　鹽 … 0.3g
　　　　低筋麵粉 … 100g
B　　　杏仁粉 … 25g
　　　　泡打粉 … 1.5g
　　薄餅脆片 … 40g

◎糖漿
　　細砂糖 … 50g
　　水 … 50g
無花果（半乾燥）… 50g
紅糖（完成時用）… 適量

【預備作業】

· 煮沸糖漿的材料，加入切碎的無花果浸漬一夜。
· 除此之外，與「葡萄乾薄餅脆片」的預備作業相同。

【製作方法】

1　在缽盆中放入A，以攪拌器混拌至乳化。
2　加入鹽，以橡皮刮刀充分混拌。
3　留下30片裝飾用的無花果，其餘加入並以橡皮刮刀大動作混合拌勻。
4　參照上述3～4，將麵糊滴落至烤盤上。在餅乾表面擺放上裝飾用無花果，彷彿埋入其中般輕輕按壓。並在表面撒放紅糖。
5　參照上述的5，同樣完成烘烤。

34. 法國杏仁脆餅（Croquant）

【材料】 直徑3.5cm約35片

杏仁果（新鮮）… 35g

糖粉 … 60g

蛋白 … 25g

低筋麵粉 … 25g

全蛋（完成時用）… 適量

【預備作業】

· 杏仁果切碎。依個人喜好略多也無妨，但切碎較能均勻遍佈於整體麵糊中。

· 蛋白量測出所需用量，充分攪拌備用。

· 糖粉、低筋麵粉各別過篩備用。

· 全蛋充分攪拌備用。

· 烤箱以170℃預熱。

· 在烤盤上舖放烤盤紙。

【製作方法】

1 放入杏仁粒，再加入糖粉。使杏仁粒包覆沾裹上糖粉般地以橡皮刮刀混拌。

2 加入蛋白，以橡皮刮刀混拌融合。

3 加入低筋麵粉，以橡皮刮刀大動作混合拌勻（**a**）。

4 將**3**以湯匙舀起麵糊，留有間隔地滴落至烤盤上。盡可能使麵糊是同樣薄度及大小。

5 以毛刷在表面刷塗全蛋，用170℃的烤箱烘烤10分鐘。待全體呈現漂亮的烘烤色澤，特別是龜裂處也確實呈色後，以抹刀將餅乾取出。烘焙不夠完全的部分，**繼續烘烤數分鐘後同樣地確認**。烘烤完成後，放置於蛋糕冷卻架上，確實冷卻。

絞擠成形的餅乾

將飽含空氣的麵團絞擠烘烤而成的餅乾。
無論哪種都使用星型擠花嘴。
即使是相同的擠花嘴，只要改變絞擠方式，
就能夠製作出呈現不同樣貌的餅乾。

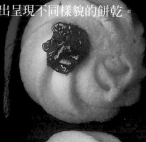

35.
維多利亞餅乾

置於中央處的果醬就是重點所在。
雖然可以使用個人喜愛的果醬，
但紅色的果醬能使成品外觀更勝一籌。
製作方法⇒P.64

36.
楓糖餅乾

使用了楓糖的餅乾。
帶著淡淡的楓糖香氣，醞釀出高雅的風味。
只是左右來回絞擠就能完成優雅的外型。
製作方法⇒P.65

37.
茴香餅乾

巧克力基底的麵團中增添淡淡的茴香風味。
絞擠成外型均一的長度,再對半切分。
製作方法⇒P.65

38.
香料餅乾

只要是個人喜歡的香料即可,在此使用的是肉桂。
絞擠成尺寸略小的粒狀,
在裝盒需要填補空間時,相當好用。
製作方法⇒P.65

35.維多利亞餅乾

【材料】 直徑2.5cm的70個

奶油（無鹽）… 100g
糖粉 … 43g
鹽 … 1.6g
蛋白 … 26g
低筋麵粉 … 120g
個人喜好的果醬 … 適量

【預備作業】

· 奶油放至回復室溫。
· 蛋白量測出所需用量，充分攪拌備用。
· 糖粉、低筋麵粉各別過篩備用。
· 烤箱以160℃預熱。
· 在烤盤上舖放烤盤紙。

將硬度恰好可以用橡皮刮刀攪散的奶油放入缽盆中，並以橡皮刮刀攪散。加入糖粉、鹽，彷彿按壓材料般地進行混拌。

待整體融合後，改以手持電動攪拌機（高速），約混拌5分鐘。

在此若材料變得柔軟時，則須墊放冰水

飽含空氣的材料顏色會開始變淺。

過程中，當材料變軟、舀起的尖角變長時，墊放冰水，打發至尖角直立。

加入半量蛋白，以手持電動攪拌機（高速）攪打1～2分鐘。呈均勻霜狀時，再加入其餘蛋白，同樣地打發。

待蛋白完全混拌，確實打發至尖角直立時，即已完成打發作業。

加入全量的低筋麵粉，以橡皮刮刀彷彿切開麵團般地進行2次混拌、3次則以翻動麵團。避免揉和地以固定節奏重覆1、2、3的動作混合材料。

待粉類完全消失後，麵團沾黏在橡皮刮刀不易混拌時，即是已完成混拌的指標。用刮板將沾黏在橡皮刮刀上的麵團刮落。

使用橡皮刮刀的表面，少量逐次地確認麵團避免大動作造成消泡，同時均勻混拌。

果醬不再沾黏地
完成烘烤
非常重要

將麵團放入裝有8-6星型擠花嘴的擠花袋內,以適當的距離在烤盤上絞擠成圓形。其餘的麵團,則在其他烤盤紙上同樣絞擠(絞擠方式請參考P.66~67)。

以160℃的烤箱烘烤15分鐘後取出,用湯匙將果醬舀在餅乾的中央。再次放入烤箱內,約烘烤5分鐘。

當果醬開始沸騰時,即以抹刀取出。放置於蛋糕冷卻架上,確實冷卻。

36.楓糖餅乾 / 38.香料餅乾

【材料】 楓糖:3×5cm的36個(香料:直徑1cm的200個)

[楓糖餅乾]

奶油(無鹽)… 100g

糖粉 … 14g　　楓糖 … 30g

鹽 … 1.6g　　蛋白 … 26g　　低筋麵粉 … 120g

[香料餅乾]

肉桂 … 5g

除上述與果醬之外,請參照P.64「維多利亞餅乾」。

【預備作業】

· 與P.64「維多利亞餅乾」的預備作業相同。

【製作方法】

1　參照P.64的1,同樣地將奶油攪散,加入糖粉、楓糖、鹽,以橡皮刮刀彷彿按壓般地混拌。(「香料餅乾」則是不添加楓糖地改以加入肉桂)。

2　參照P.64的2~9,同樣地製作麵團,絞擠麵團(請參照P.66~67)。

3　以160℃的烤箱烘烤20分鐘。確認全體的烘烤色澤後,以抹刀取出。烘焙不夠完全的部分,再烘烤數分鐘後確認。完成烘焙後,放置於蛋糕冷卻架上,確實冷卻。

若甜度不足時,
可於烘烤完成降溫
後,撒上糖粉。

37.茴香餅乾

【材料】 7cm的130條

奶油(無鹽)… 120g

糖粉 … 120g

鹽 … 2g

蛋白 … 45g

A(低筋麵粉150g+可可粉30g+茴香2g)

糖粉(完成時用)… 適量

【預備作業】

· 混合A過篩備用。

· 烤箱以170℃預熱。

· 除此之外,與P.64「維多利亞餅乾」的預備作業相同。

【製作方法】

1　參照P.64的1~6,同樣地打發材料。

2　如P.64的7,當中的低筋麵粉改以加入全量的A,與8~9同樣地混合拌勻。

3　將麵團放入裝有8-6星型擠花嘴的擠花袋內,以適當的距離絞擠在烤盤上(請參考P.66~67)。其餘的麵團,則在其他烤盤紙上同樣絞擠,放入冷凍室內冷卻備用。

4　以170℃的烤箱烘烤8分鐘後,變換烤盤前後方向,再烘烤5分鐘。確認全體的烘烤色澤,烘焙不夠完全的部分,再烘烤數分鐘後確認。完成烘焙後,放置於蛋糕冷卻架上,確實冷卻。

5　用茶葉濾網篩撒糖粉。

麵團的絞擠方法和變化組合

掌握擠花袋的使用方法，以及麵團絞擠方式的訣竅，
試著來挑戰各式各樣的形狀組合吧。

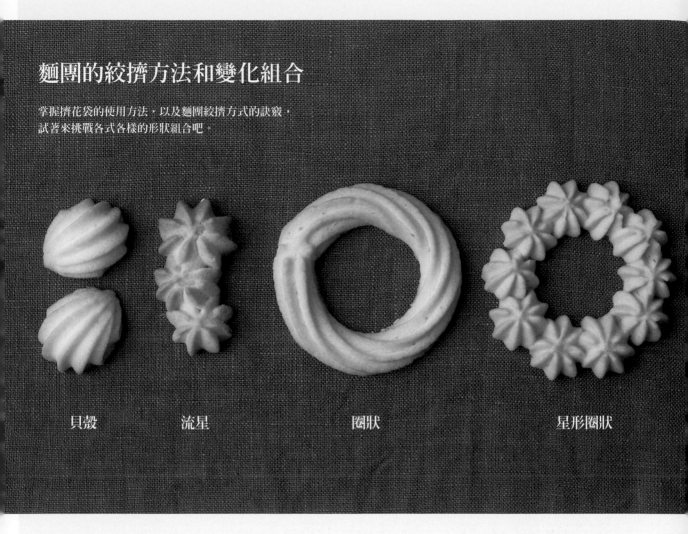

| 貝殼 | 流星 | 圈狀 | 星形圈狀 |

擠花袋的使用方法

1. 本書當中使用的是星型擠花嘴8-6（8芒、6mm的口徑）（**a**）。將擠花嘴裝入擠花袋內，單手按壓擠花嘴邊拉提擠花袋，固定擠花袋前端（**b**）。

2. 擠花袋口先折疊至前端（**c**），裝入麵團（**d**）。為使能確實潔淨地絞擠麵團，麵團不要填滿擠花袋，儘量將麵團裝入擠花袋的下方。

3. 扭緊擠花袋（**e**）。以慣用手的姆指和食指夾住扭緊的袋口，由另一手以相反方向拉緊手指夾住後露出的袋口並扭緊。擠花袋必須在確實保持拉緊的狀態下絞擠（**f**）。

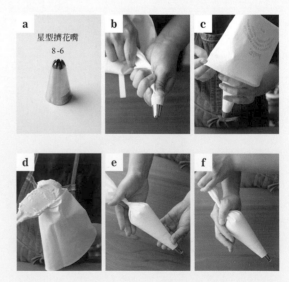

絞擠方式

35. 維多利亞餅乾

【玫瑰】

1. 擠花袋置於烤盤上方5mm處直接絞擠，擠花嘴的高度不變地以の字型絞擠至最後。
2. 從開始擠絞至最後確實地重疊，待其成為漂亮的圓形即OK。

36. 楓糖餅乾

【波浪】

1. 擠花袋置於烤盤上方5mm處直接絞擠，擠花嘴的高度不變地左右來回形成鋸齒狀絞擠。
2. 約重覆5次的彎曲後，完成絞擠。

37. 茴香餅乾

【直線】

1. 以斜向約45度的方向傾斜擠花袋，由左向右地絞擠出長條。
2. 絞擠出兩條的長度後，放入冷凍室冷卻變硬，再對半分切。

38. 香料餅乾

【星形】

1. 擠花袋置於烤盤上方5mm處直接絞擠，擠花嘴的高度不變。
2. 當絞擠的麵團高度達擠花嘴時，輕輕朝上拉起。

【貝殼】

1. 將擠花嘴貼合烤盤，以斜向約45度的方向傾斜擠花袋，由外側朝身體方向以相同的力量邊絞擠邊輕巧地動作。
2. 待移動至身體方向時，立刻放鬆力量，使麵團變薄地將擠花嘴貼合在烤盤上切斷麵團。

【流星】

1. 擠花袋置於烤盤上方5mm處直接絞擠，擠花嘴的高度不變地擠出，再垂直地拉起。
2. 絞擠成大、中、小越來越小的星型。

＊烘烤完成時，麵團會略為擴散，所以絞擠時略留下間隙，是製作出漂亮成品的秘訣。

【圈狀】

1. 將環形模沾上粉類按壓在烤盤上做為指引。擠花袋垂直地由稍高的位置，以擠花口徑粗細垂落至烤盤上，進行絞擠。
2. 絞擠完成時，垂落下的麵團正好接成圈狀。

【星形圈狀】

1. 將環形模沾上粉類按壓在烤盤上做為指引。擠花袋置於烤盤上方5mm處直接絞擠，擠花嘴高度不變。
2. 絞擠成大小相同的星型，排成圈狀。

＊每個星型都略留下間隙就能漂亮地完成製作。

39.
檸檬蛋白霜

低溫地確實烘烤，就能製作出呈色漂亮
且能保存較長時日的成品。
因為容易受潮，請多放些乾燥劑在密閉容器內進行保存。
製作方法⇒P.72

40.
咖啡蛋白霜

輕盈的口感，但卻能品嚐出紮實的咖啡風味。
建議也可以添加紅茶粉末替代咖啡來製作。
製作方法⇒P.72

41.
孜然小餅乾 Biscuit

孜然的香氣讓人成癮，
一口大小，令人忍不住想要一再品嚐的餅乾。
製作方法⇒ P.73

42.
紅茶小餅乾 Biscuit

紅茶的香氣擴散在口中，
是一款口感輕盈的餅乾。
製作方法⇒ P.73

43.
帕林內夾心的貓舌餅 Langue de chat

在法語中Langue de chat是貓舌的意思。
薄薄地完成烘烤，輕盈且餅乾周圍略白，
帶著淡淡烘烤色澤的美味夾心餅乾。
製作方法⇒ P.74

44.
香草茶風味貓舌餅 Langue de chat

與帕林內夾心同樣的餅乾麵團，
撒上香草茶烘烤而成。
因爲是薄片餅乾，
所以更能確實地品嚐出香草茶的風味。
製作方法⇒ P.75

39. 檸檬蛋白霜

【材料】　直徑2cm的70個

蛋白 … 30g
檸檬汁 … 10g
細砂糖 … 45g
糖粉 … 25g
檸檬皮 … 1個

【預備作業】

· 檸檬皮用刮皮刀（請參照P.23）磨削，
　再擠出果汁。
· 蛋白量測出所需用量。
· 糖粉過篩備用。
· 烤盤以100℃預熱。
· 在烤盤上舖放烤盤紙。

【製作方法】

1　在缽盆中放入蛋白、檸檬汁，加入一小撮細砂糖，
　　用手持電動攪拌機（高速）攪打30秒～1分鐘，打
　　發至顏色發白。

2　加入其餘的細砂糖，用手持電動攪拌機（低速）攪
　　打5鐘，成爲氣泡細緻的蛋白霜。

3　加入糖粉和檸檬皮，以橡皮刮刀大動作混合。

4　放入裝有直徑1cm圓形擠花嘴的擠花袋內，在烤盤
　　上以適當間隔地絞擠成直徑2cm，喜好的形狀（請
　　參考P.66～67）。其餘的麵團也同樣地絞擠在另一
　　張烤盤紙上。

5　用100℃的烤箱烘烤約150分鐘。取出一個剝開確
　　認，若中央處已呈乾燥狀態即已完成烘烤。直接放
　　置於烤箱中至完全冷卻。

＊因不耐濕氣，因此密閉容器內必須多放些乾燥劑。

---

40. 咖啡蛋白霜

【材料】　2.5×3.5cm的70個

蛋白 … 40g
細砂糖 … 40g
糖粉 … 25g
即溶咖啡 … 3g

【預備作業】

· 蛋白量測出所需用量。
· 糖粉過篩備用。
· 烤盤以100℃預熱。
· 在烤盤上舖放烤盤紙。

【製作方法】

1　在缽盆中放入蛋白，加入一小撮細砂糖，用手持電
　　動攪拌機（高速）攪打30秒～1分鐘，打發至顏色
　　發白。

2　加入其餘的細砂糖，用手持電動攪拌機（低速）攪
　　打5鐘，成爲氣泡細緻的蛋白霜。

3　加入糖粉和即溶咖啡粉，以橡皮刮刀大動作混合。

4　放入裝有12-8星型擠花嘴的擠花袋內，在烤盤上
　　以適當間隔地絞擠成2.5×3.5cm，喜好的形狀（請
　　參考P.66～67）。其餘的麵團也同樣地絞擠在另一
　　張烤盤紙上。

5　與上述「檸檬蛋白霜」的5同樣地完成烘烤。

＊因不耐濕氣，因此密閉容器內必須多放些乾燥劑。

絞擠後，
最後絞擠出的尖角
不會垂落的硬度

41. 孜然小餅乾Biscuit

【材料】 直徑3cm的圓形60個

全蛋 … 60g

細砂糖 … 70g

A ｜ 低筋麵粉 … 70g
　｜ 孜然粉（a）… 3g

【預備作業】

· 雞蛋量測出所需用量。

· 混合A過篩備用。

· 烤盤以150℃預熱。

· 在烤盤上舖放烤盤紙。

孜然粉
是大家都知道，咖哩香味來源的濃郁辛香料。非常適合甜味麵糊，經常用於香料餅乾當中。

【製作方法】

1 在缽盆中放入全蛋和細砂糖，邊隔水加熱邊用手持電動攪拌機（高速）打發5～7分鐘。

2 加入A，以橡皮刮刀混拌約100次的程度，確實進行混拌。

3 放入裝有直徑8mm圓形擠花嘴的擠花袋內，在烤盤上以適當間隔地絞擠成直徑3cm的圓形（請參考P.66～67）。篩撒上細砂糖（用量外），放置於常溫中約半天乾燥，以手觸摸而不會沾黏麵糊為止（b）。

4 用150℃的烤箱烘烤約15～20分鐘。取出一個剝開確認，若中央處已呈乾燥狀態，即以抹刀取出。烘焙不夠完全的部分，再烘烤數分鐘後同樣地確認。請注意不要過度烘烤以免過度呈色。完成烘焙後，放置於蛋糕冷卻架上，確實冷卻。

＊因不耐濕氣，因此密閉容器內必須多放些乾燥劑。

---

42. 紅茶小餅乾Biscuit

【材料】 7cm的50條

伯爵茶（茶葉）… 2g

使用伯爵茶取代孜然粉。

除此之外，請參照「孜然小餅乾」

【預備作業】

· 伯爵茶以研磨器磨成細末。

· 與A的低筋麵粉混合過篩備用。

· 除此之外，與「孜然小餅乾」的預備作業相同。

【製作方法】

1 參照上述1～2同樣地混拌。

2 參照上述3，將麵團絞擠成長7cm的長條狀（請參考P.66～67）。同樣地乾燥麵糊。

3 參照上述4，同樣地完成烘烤。

＊因不耐濕氣，因此密閉容器內必須多放些乾燥劑。

43.
帕林內夾心的貓舌餅Langue de chat

【材料】 直徑2.5cm的29組

奶油（無鹽）… 30g

糖粉 … 30g

杏仁粉 … 15g

蛋白 … 30g

A | 低筋麵粉 … 15g
　| 高筋麵粉 … 15g

◎帕林內餡
　| 杏仁帕林內 Almond praline … 9g
　| 白巧克力 … 18g

【預備作業】

· 奶油、雞蛋放至回復室溫。

· 糖粉過篩備用。

· 蛋白量測出所需用量，充分攪拌備用。

· 帕林內餡的材料放入鉢盆中，隔水加熱地
　進行混拌。

· 混合A，過篩備用。

· 烤箱以160℃預熱。

· 在烤盤上舖放烤盤紙。

將奶油放入鉢盆中，以橡皮刮刀攪散。

加入糖粉。

避免攪入空氣地以橡皮刮刀按壓麵團般地進行混拌。待粉類完全消失材料融合後，加入杏仁粉，以同樣方式混拌。

少量逐次地加入蛋白。

蛋白加入後充分混拌至無分離狀態為止。每次加入都同樣地充分進行混拌。

混拌至顏色發白，材料彷彿由鉢盆底部剝離般地乳化。

加入全量的 **A**，以橡皮刮刀大動作混拌。

待粉類完全消失後，麵團整合成團，麵團彷彿由缽盆底部剝離般的狀態，即已完成混拌。

其餘的麵團，也同樣地絞擠在另外的烤盤紙上，置於冷藏室內。

放入裝有直徑1cm圓形擠花嘴的擠花袋內，在烤盤上以適當間隔地絞擠（請參考P.66～67）。在烤盤上方擠花袋以垂直狀態進行絞擠，絞擠出成直徑1.5cm大小的薄薄圓形。

烘焙不夠完全的部分，再烘烤2分鐘後確認

用160℃的烤箱烘烤8分鐘至全體呈淡淡烤色時，以抹刀取出。完成烘焙後，放置於蛋糕冷卻架上，確實冷卻。

在托盤上，將**10**的餅乾表面朝上排成一列，底部朝上也排成一列的相互並排，將帕林內餡以湯匙盛放在底部朝上的餅乾表面。

將表面朝上的餅乾覆蓋在塗有內餡的餅乾上，製作出夾心餅乾，放置於冷藏室約3分鐘冷卻凝固。冷卻時間過長會使餅乾受潮，必須多加注意。

44. 香草茶風味貓舌餅Langue de chat

【材料】 直徑2.5cm約58片
個人喜好的香草茶（蘋果片、薰衣草、玫瑰等）
　…適量
除了帕林內餡和上述之外，請參照
「帕林內夾心的貓舌餅」。

【預備作業】
‧除了帕林內餡和上述之外，與「帕林內夾心的貓舌餅」預備作業相同。

【製作方法】
1　參照P.74～75的**1**～**9**，絞擠麵團，擺放上切碎的各種香草茶。
2　參照上述**10**，待烘烤完成後，放置於蛋糕冷卻架上，確實冷卻。

45.
起司長條餅乾

以圓型擠花嘴絞擠出的棒狀餅乾。
起司和辛香的黑胡椒是絕妙的組合。
撒在表面的粉紅胡椒更添華麗感。

【材料】　8cm棒狀40條

奶油（無鹽）… 50g
細砂糖 … 7.5g
鹽 … 1g
A
　全蛋 … 10g
　鮮奶油 … 10g
　帕瑪森起司（非人造起司）… 30g
B
　低筋麵粉 … 50g
　高筋麵粉 … 11g
黑胡椒碎 … 適量
粉紅胡椒碎 … 適量

【預備作業】

· 奶油、雞蛋放至回復室溫。
· 雞蛋量測出所需用量，充分攪拌與鮮奶油混合
　備用。
· 混合低筋麵粉、高筋麵粉過篩，再混合帕瑪森
　起司備用。
· 烤箱以170℃預熱。
· 在烤盤上舖放烤盤紙。

【製作方法】

1　將奶油放入缽盆中，以橡皮刮刀攪散。

2　加入細砂糖和鹽，避免攪入空氣地以橡皮刮刀按壓
　麵團般地進行混拌。

3　少量逐次地加入A，每次加入後都以橡皮刮刀充分
　混拌至乳化。

4　加入全量的B，以橡皮刮刀彷彿切開麵團般地進行
　2次混拌、第3次翻起麵團。避免揉和地以固定節
　奏重覆1、2、3的動作混合材料。

5　待粉類完全消失後，麵團沾黏在橡皮刮刀不易混拌
　時，即是已完成混拌的指標。用刮板將沾黏在橡皮
　刮刀上的麵團刮落。

6　使用橡皮刮刀的表面，朝身體方向壓碎般地壓拌麵
　團。至全體完全均勻並呈滑順狀為止。

7　依個人喜好加入黑胡椒後，輕輕混拌。

8　放入裝有直徑6mm圓形擠花嘴的擠花袋內（請參考
　P.66），在烤盤上以適當間隔地絞擠。以斜向約45
　度的方向傾斜擠花袋，由左向右地絞擠出一條筆直
　長條狀。其餘的麵團也同樣地絞擠，再放置冷藏室
　冷卻備用。

9　抓取粉紅胡椒碎，邊以指尖搓細邊撒放在表面。

10　以170℃的烤箱烘烤約10分鐘。確認全體的烘烤色
　澤後，以抹刀取出。烘焙不夠完全的部分，烘烤數
　分鐘後再同樣地確認。完成烘焙後，放置於蛋糕冷
　卻架上，確實冷卻。

盒裝餅乾的製作方法

在此，為大家介紹即使餅乾的種類很少，也能巧妙
裝盒的技巧，以及利用各種形狀的空罐簡單地裝入
餅乾的創意。無論是饋贈禮物、送給自己的獎勵等
等，在想要特別彰顯「自家製的餅乾」時，請務必
試著挑戰看看。

基本的裝填方式

首先，介紹使用3種餅乾（P.80）的基本裝填方法。
為了能有漂亮的外觀，不留間隙地裝填就是最重要的訣竅。
容器也可以使用家中個人喜愛的瓶罐，但建議使用密閉性高的。
只要抓住訣竅，就能樂在其中地享受各種形狀的餅乾裝填了。

1

預備個人喜好的容器。在此使用的是方形容器（8×11×3cm）。沒有立刻食用時，必須放入乾燥劑，配合容器的尺寸，切出臘光紙（只要是耐油性的紙張，都ok）
＊臘光紙的兩端最後會成為像蓋子般覆蓋在表面，所以預留較長的長度。配合底部的大小折疊出形狀。

2

放入留緣餅乾。大尺寸的餅乾由邊緣放入更能取得整體的均衡感。圓形較容易滑動的餅乾，在最下方先墊放一片餅乾後，再略呈傾斜地排放，形狀較不會崩垮。

3

豎起地放入2片胡桃餅乾。

4

胡桃餅乾表面朝上地上下兩片並排放置。同樣的餅乾，用可以看出不同面向，平擺和縱向放置，更具動態的呈現。最上層可視最後的平衡加以調整，因此先不擺放第三片。

5

放入茴香餅乾。最上層可以選擇烘烤色澤及形狀最漂亮的餅乾，而其間隙的空間則可以放入適當的餅乾。最後確認整體是否留有間隙，在覺得不妥處可以變更放置方法，或替換其他餅乾。

6

將1的臘光紙覆蓋在餅乾上，確實蓋上蓋子完成裝填。

使用方盒裝塡方式的變化

基本的裝塡方式，使用的是在方形容器（8×11×3cm）中，綜合地裝塡2種、3種餅乾。
形狀、色彩、風味的各種組合，每個容器各有不同的餅乾組合，
作爲餽贈禮物非常有面子，光是欣賞都令人覺得開心。

2種餅乾的盒裝

● 起司布列塔尼砂布列加上起司長條餅乾，統一的起司風味，是最適合作爲下酒小點的餅乾盒。方形的餅乾平擺或縱放等，在排入方型盒中，可以不留間隙的放置，眞的非常方便。
⇒起司布列塔尼砂布列（P.20）、起司長條餅乾（P.76）

● 黑糖脆餅和無花果薄餅脆片的綜合餅乾盒，柔和甜味的組合。三角形的餅乾一開始就可以配合角度放置，如此就能順利地分配空間了。
⇒黑糖脆餅（P.36）、無花果薄餅脆片（P.58）

● 全麥餅乾可平擺或縱放地營造出變化，避免產生間隙地配置空間。利用同樣種類的餅乾，可以變化出幾種組合也很有意思。
⇒全麥餅乾（P.39）、絞擠成形餅乾（P.62～63、66）

3種餅乾的盒裝

● 尺寸不同的方形餅乾組合。重點在於能看見夾心餅乾正面及側面的擺放。裝塡正面及側面風貌不同的餅乾就非常方便了。
⇒原味奶油酥餅（P.44）、檸檬奶油酥餅（P.45）、焦糖核桃餅（P.88）

● 夾心類型的餅乾可以看到側面的排放。放入蛋白霜等膨脹形狀的餅乾時，擺放方向重疊需避免產生間隙，就得下一點工夫。
⇒帕林內夾心的貓舌餅（P.70）、檸檬蛋白霜（P.68）、檸檬糖霜餅乾（P.17）

● 基本的排放方式（P.79）介紹的組合。略帶成熟風味，放眼望去呈現3種色彩，整體有著絕佳均衡感的餅乾盒。
⇒留緣餅乾（P.34）、胡桃餅乾（P.29）、茴香餅乾（P.63）

● 西班牙傳統烤餅的月牙形狀搭配
圓形餅乾，彷彿拼圖般的吻合。間
隙中再填入咖啡蛋白霜就完成了。

● 小型圓罐當中可以放1種
餅乾。雪球或巧克力夾心餅
乾等具厚度的餅乾，可以不
規則地填裝。

● 3種香草茶的貓舌餅，繞著
並排成圓形。略微偏移地排
放就能看見香草，正是重點。

搭配各種形狀盒罐的
裝填組合

形狀和包裝很可愛的容器會忍不住保留下來。
在此介紹使用家裡既有容器的裝填組合方式。
無論什麼形狀，只要巧妙地填滿間隙，如此就能漂亮地裝填了。

● 橢圓形的容器內填裝6種餅
乾。沿著圓弧排放冰箱餅乾或
絞擠成形的餅乾，間隙則填以
茴香餅乾。

● 放入7種餅乾的方型餅乾盒。巧克力
布列塔尼酥餅或核桃青豆粉雪球餅乾
等，可以有不同顏色的餅乾並排，更能
增添色彩。

● 大型的圓形罐中填裝7種餅
乾。以絞擠成形的圈狀餅乾爲
主，整合周圍餅乾的方向，就
能營造出共同的一致性。

● 放入10種圓形餅乾。綴以
果醬或烤色較深的餅乾沿著
邊緣以直線方式擺放。

● 放入8種餅乾的裝填。
利用絞擠成形餅乾的凹
凸，彷彿拼圖般組合搭配
固定，就是重點。

● 細長的方型容器中放入7
種餅乾。在四邊角處放置方
型或三角形餅乾，而中間的
空間則是裝填上小型的餅乾。

烤盤餅乾

將麵團平舖在烤盤上，以大型狀態烘烤完成後再進行分切的餅乾。
製作完成的分量較大，別有一番風味及成就感。

46.
杏仁佛羅倫提焦糖脆餅 Florentins

酥脆的麵團表面覆蓋含大量杏仁果的牛軋糖，烘烤面成。
以完美的烘烤、製作出具良好口感的佛羅倫提焦糖脆餅吧。
製作方法⇒ P.84

46.
杏仁佛羅倫提焦糖脆餅Florentins

【材料】 24×28cm的烤盤1片
◎麵團
奶油（無鹽）… 150g
細砂糖 … 75g
鹽 … 0.6g
全蛋 … 30g
A ┌ 低筋麵粉 … 225g
　└ 泡打粉 … 2.7g
手粉（高筋麵粉）… 適量

◎牛軋糖
　┌ 細砂糖 … 79g
　│ 麥芽糖 … 20g
B │ 蜂蜜 … 16g
　│ 鮮奶油 … 50g
　└ 奶油（無鹽）… 10g
杏仁片 … 62g

【預備作業】
· 奶油、雞蛋放至回復室溫。
· 雞蛋量測出所需用量，充分攪拌備用。
· 混合 A 過篩備用。
· 預備吻合烤盤大小的烤盤紙。

1. 將奶油放入缽盆中，以橡皮刮刀攪散。

2. 加入細砂糖和鹽，避免攪入空氣地以橡皮刮刀按壓麵團般地進行混拌。

3. 少量逐次地加入全蛋，每次加入後皆充分混拌至乳化。

4. 沒有產生分離狀態，整合麵團，混拌至材料彷彿可剝離缽盆般，即已完成混拌。

5. 加入全量的 A，以橡皮刮刀彷彿切開麵團般地進行2次混拌，第3次翻起麵團，避免揉和地以固定節奏重覆1、2、3的動作混合材料。

6. 使用橡皮刮刀的表面，朝身體方向壓碎般地壓拌麵團。至全體完全均勻並呈滑順狀爲止。

覆蓋塑膠墊。用擀麵棍由上方進行按壓。

整合成方型,擺放於方型淺盤上放入冷藏室半天至冷卻。

取出放置於工作檯上,使用掌根力量由上按壓鬆散麵團。

整合麵團,邊撒上手粉邊將其整型成圓柱狀。

邊撒上手粉邊橫向按壓地擀壓麵團。

擀壓成較烤盤紙略大的麵皮。當麵團變軟時,連同底部的工作檯或以托盤一起放入冷藏室,靜置。

以擀麵棍捲起麵團放在舖有烤盤紙的烤盤上。

沿著烤盤的側面及四角,避免產生空隙地舖放。

以刮板在底部向上的2mm位置標下記號。側面立起的麵團過高,烘烤時麵團容易產生裂紋,過低時牛軋糖會流出,所以必須均等地標下記號。

以刮板沿著記號切除多餘的麵團。四邊都以同樣方式切除。

用叉子在全體麵團表面刺出孔洞。連同烤盤放入冷凍室冷卻。

烘焙不夠完全的部分,烘烤數分鐘後再次確認

直接將**17**取出進行烘烤。用180℃的烤箱烘烤10分鐘,至呈現淡淡烤色時取出。

19

製作牛軋糖。將**B**放入鍋內以中火加熱，避免燒焦地以橡皮刮刀邊混拌邊加熱至沸騰。當**18**的餅皮烘烤完成後，立刻倒入牛軋糖以利作業進行。

20

沸騰後，加入以手捏碎的杏仁片，再充分混拌。

21

當牛軋糖呈現以橡皮刮刀刮過可見到鍋底，容易剝離之狀態時，熄火。

烘焙不夠完全的部分，烘烤數分鐘後再次確認

22

將牛軋糖倒至**18**的餅皮上。

23

以橡皮刮刀將牛軋糖推展至全體麵團的表面。避免杏仁果結集地薄薄推展開，確實地均勻平整舖在餅皮外緣的5mm內。

24

用170℃的烤箱烘烤15分鐘，表面的牛軋糖沸騰後，呈現烘烤色澤，氣泡變成透明時，即已完成烘烤。

25

烘烤完成並略為降溫至手可觸摸的程度，將其倒扣至舖有烤盤紙的工作檯上。

26

在牛軋糖放涼變硬前先行分切。切落邊緣，以尺規標示出個人喜好的尺寸記號。

27

使用鋸齒刀輕輕按壓餅乾，進行分切。

Arrange
芝麻佛羅倫提焦糖脆餅

● 杏仁佛羅倫提焦糖脆餅改成芝麻的組合。 也可以用圓形塔餅的方式來烘烤。

【材料】28×24cm的烤盤1片
◎牛軋糖

　　細砂糖 … 79g
　　麥芽糖 … 20g
B　蜂蜜 … 16g
　　鮮奶油 … 50g
　　奶油(無鹽) … 10g
　黑芝麻 … 42g
　白芝麻 … 20g

麵團請參照P.84「杏仁佛羅倫提焦糖脆餅」。

【預備作業】
・與P.84「杏仁佛羅倫提焦糖脆餅」的預備作業相同。

【製作方法】
1 參照P.84～85的**1**～**18**，烘烤麵團。參照上述**19**，除了芝麻以外的材料煮至沸騰。
2 沸騰後加入芝麻，再充分混拌。
3 參照上述的**21**～**27**，倒入牛軋糖，完成烘烤分切。

47.

焦糖核桃餅 Engadiner

瑞士恩加丁（Engadine）地方的傳統糕點。
加入大量核桃的牛軋糖更是絕品。以酥鬆口感的餅乾包夾，嚼感十足。
製作方法⇒ P.90

48.
果醬夾心餅乾

鬆軟的餅乾當中夾入了果醬，宛若蛋糕般的餅乾。
奶酥（crumble）表面再撒上糖粉，完成時外觀更為優雅。
果醬則請選擇自己喜好的口味。
製作方法⇒P.92

47.
焦糖核桃餅Engadiner

【材料】 24×28cm的烤盤1片
◎麵團
奶油（無鹽）… 163g
糖粉 … 144g
全蛋 … 67g
杏仁粉 … 72g
低筋麵粉 … 346g

◎核桃牛軋糖
細砂糖 … 165g
A 麥芽糖 … 60g
鮮奶油 … 90g
奶油（無鹽）… 150g
核桃 … 200g

蛋液（全蛋60g＋蛋黃20g＋牛奶數滴）

【預備作業】

· 奶油、雞蛋放至回復室溫。
· 雞蛋量測出所需用量，充分攪拌備用。
· 糖粉、低筋麵粉各別過篩備用。
· 核桃以170℃烤箱烘烤10分鐘，略爲降溫後以手捏碎。
· 蛋液的材料放入鉢盆中，充分混拌以過濾器過濾備用。
· 配合烤盤大小裁出烤盤紙。
· 牛軋糖用烤盤預先舖好烤盤紙。

裝飾刮紋板
decorative comb
在麵團上劃出紋路的工具。可以做出漂亮的外觀，相當方便。

1
與P.14 ～ 15「原味餅乾」步驟**1** ～ **15**相同地製作麵團。麵團對半分切，一半擀壓成與烤盤相同的大小，其餘的麵團擀壓成較烤盤略大，連同活動工作檯（或用烤盤代替）一起放入冷藏室，靜置30分鐘。

2
加入少量細砂糖以中火加熱。不時晃動鍋子，使細砂糖融化呈透明後，再少量逐次加入煮至焦糖化。待出現焦糖色澤和細小氣泡後，熄火。

3
在另外的小鍋略爲加熱**A**，再加入**2**，避免過度加熱地保持色澤。

4
加入奶油，以木杓混拌至乳化。

5
加入核桃。

6
再次加熱，邊混拌邊進行熬煮。以溫度計測量溫度，待加熱至108℃後，熄火。

7

倒入烤盤，放置於室溫下冷卻。

8

略為降溫後，拉起烤盤紙的兩端，將牛軋糖的邊緣折入內側約1cm，以整合形狀。4邊都折入後，放入冷藏室冷卻。

9

以毛刷將蛋液刷塗在與烤盤相同大小的麵團表面，於冷藏室靜置20分鐘左右冷卻，並乾燥表面。

10

預備其他烤盤。參照P.85「杏仁佛羅倫提焦糖脆餅」的步驟**13～14**，舖放較烤盤略大的麵團。

11

將麵團舖至與烤盤邊緣相同的高度，以叉子在全體麵團表面刺出孔洞。

12

待**8**凝固後，底部（平滑面）朝上地擺放在麵團上。

13

再次將蛋液刷塗在**9**的表面，以裝飾刮紋板（**a**：若無則使用叉子）劃出紋路。

14

將其覆蓋在**13**表面。

15

將上方麵團彷彿包覆牛軋糖般，覆蓋至底部麵團外側。

> 確認烘烤色澤，若上色不足可再多烤幾分鐘

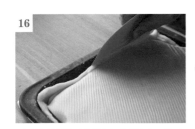

16

以刮板將側面麵團向內按壓，接合上方刷塗蛋液的麵團。

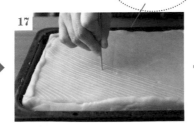

17

以竹籤刺出數個排氣孔，用170℃的烤箱烘烤30分鐘。取出後連同烤盤一起冷卻。

18

待完全放涼後，切落邊緣，以尺規標示出個人喜好的尺寸記號，用鋸齒刀分切。

48.
果醬夾心餅乾

【材料】 24×28cm的烤盤1片

奶油（無鹽）… 200g

糖粉 … 240g

A │ 蛋黃 … 72g
　│ 全蛋 … 72g

鹽 … 0.6g

低筋麵粉 … 320g

◎奶酥（crumble）

奶油（無鹽） … 75g

B │ 細砂糖 … 75g
　│ 杏仁粉 … 35g
　│ 低筋麵粉 … 75g
　│ 鹽 … 0.3g

個人喜好的果醬 … 250 〜 280g

糖粉 … 適量

【預備作業】

・麵團用奶油、雞蛋放至回復室溫。

・奶酥用奶油置於冷藏室冷卻備用。

・雞蛋量測出所需用量，材料A混合，充分攪拌備用。

・糖粉、低筋麵粉各別過篩備用。

・烤箱以170℃預熱。

・烤盤上舖放烤盤紙。

・在2片塑膠墊上作出可以知道烤盤大小的記號（a）。

a

1　將奶油放入缽盆中，以橡皮刮刀攪散。

2　加入糖粉，避免攪入空氣地以橡皮刮刀按壓麵團般地進行混拌。

3　將A分3〜5次，少量逐次加入，每次加入後都充分混拌至乳化。

4　加入鹽、全量的低筋麵粉，以橡皮刮刀彷彿切開麵團般地進行2次混拌、第3次翻起麵團，避免揉和地以固定節奏重覆1、2、3的動作混合材料。

5　待粉類完全消失後，麵團沾黏在橡皮刮刀不易混拌時，使用橡皮刮刀的表面，邊少量下壓麵團邊檢查至整體麵團呈現滑順狀態。

6　將麵團分為上端用350g和底部用500g，各別以塑膠墊覆蓋。

依上端用塑膠墊標示的記號，將麵團折向底部地擀壓成方形。因麵團較為柔軟，以擀麵棍均勻擀壓加以調整。

上端用麵團擀壓後的成品。

底部用麵團則同樣擀壓成較記號略大的形狀，兩片麵團擺放在板子上，放置於冷凍室約1小時冷卻變硬。

製作奶酥。冰涼的奶油切成1cm的塊狀。將B放入鉢盆中，加入奶油，用手捏碎至鬆散狀態。沒有大塊奶油存在時即OK。

底部用麵團取出放置工作檯上，沿著烤盤的記號，以刮板切下多餘的部分。

將切好的底部用麵團放置於烤盤上，按壓邊角平整舖放。

將12切下的麵團邊緣放置在烤盤的側面，以手指按壓麵團貼合地填滿間隙。

擺放果醬，並推展至全體麵團上。

覆蓋上端用麵團。

烘焙不夠完全的部分，烘烤數分鐘後再次確認

使上端與底部麵團包覆住果醬般，以刮板將側面麵團按壓撫平，中間無空隙地整合全體。

從上端撒放奶酥，散放在全體表面，用170℃的烤箱烘烤30分鐘。取出後確實放涼。

待完全放涼後，切落邊緣，以尺規標示出個人喜好的尺寸記號，用鋸齒刀分切。在表面以茶葉濾網篩撒上糖粉，即完成。

低筋麵粉

雖然有各式種類，但使用手邊容易購得的吧。本書當中使用的是特級紫羅蘭SUPER VIOLET。

雞蛋

量測後使用，因此無論是哪種尺寸都OK。請確實打散後再量測。

高筋麵粉

鬆散地不易沾黏在手上，也常作為手粉使用。

奶油

糕點製作時，使用的是無鹽奶油。像是布列塔尼酥餅等，特別著重品嚐奶油香氣的餅乾時，使用的是發酵奶油。

基本材料

使用在各式各樣餅乾的基本材料。
可以簡單在超市或糕點材料店等購得。
想吃的時候，立即可以製作。

芝麻油

使用的是香氣較低，不會影響其他食材風味的太白胡麻油（白）。也可以用於料理烹調，常備一瓶就非常方便了。

泡打粉

糕點製作時使用的膨脹劑。製作脆餅等烘烤得較厚的餅乾時會少量添加。與其他粉類混合過篩後再使用。

杏仁粉

無鹽杏仁果的粉末。用於想要改變風味或口感時。

糖粉

鬆散且粒子細小的砂糖。使用沒有添加玉米粉的純糖粉。

細砂糖

結晶較上白糖大，沒有特殊氣味的砂糖。不僅添加於麵團，也會用在完成時的表面烘烤等，具各項用途。

鮮奶油

加入麵團中可呈現更濃郁的風味。使用的是乳脂肪成分38%的清爽類型。

牛奶

使用無調整成分的牛奶。配合製作方法地進行溫度管理。

鹽

建議不要使用粒子過於粗大的鹽。雖然僅是一小撮的程度，但添加至麵團時可以烘托出風味。

堅果類

從綠色堅果開始順時針，分別是開心果、榛果、杏仁果、胡桃、核桃。

基本工具

製作餅乾時，
希望大家能齊備使用的工具。

缽盆
使用一個缽盆就能製作的麵團很多，因此預備了直徑18～23cm大小的缽盆，和量測雞蛋等材料的稍小缽盆，就十分方便了。

橡皮刮刀
避免麵團混入空氣地混拌時就會用橡皮刮刀。建議選用刮刀與杓柄一體成型的產品，比較方便使用。

網狀攪拌器
想要使麵團飽含空氣，就會使用網狀攪拌器。依麵團不同，有時也會使用手持電動攪拌機。

刮板
收集整合麵團、移動、分切等，具各種用途。

量秤
在餅乾製作時，雞蛋、糖粉等的量測不可或缺。使用可以量測至0.1g單位的微量秤，就能正確地進行量測。

溫度計
熬煮焦糖核桃的牛軋糖時，必須要有的工具。建議使用可以量測至200℃的產品。

擀麵棍
擀壓麵團、捲起移動麵團等，是餅乾製作時不可或缺的工具之一。

尺規
用於分切麵團或烘烤完成的餅乾，先以尺規標示出記號再進行分切。

切割棒
（Cut ruler bar）
均勻擀壓麵團的工具。在兩根切割棒間放置麵團，使擀麵棍兩端架在切割棒上，進行擀壓。4mm、1cm等具有不同厚度的切割棒就很方便了。

烤盤紙
墊放在烤盤上防止沾黏。在店內也會使用可以重覆使用的烤盤墊。

擠花袋和擠花嘴
使用的是可以清洗重覆使用的擠花袋。擠花嘴若能同時齊備圓型、星型擠花嘴等幾款種類，就能有更多豐富的變化。

鋸齒刀
分切烤盤餅乾時使用的刀具。若能同時齊備隨時可使用的短型和分切整盤狀態的長型兩種，就更方便了。

耐熱矽膠墊
網狀加工製作的耐熱墊。可以由網狀處漏出多餘的油脂或水分，使餅乾酥脆、特別是貓舌餅等，都能漂亮地完成烘烤。

抹刀
用於取出完成烘烤的餅乾。取出每片餅乾確認烘烤色澤時，有抹刀就能提升作業效率。

95

新田あゆ子（NITTA AYUKO）

出生於1979年。在東京都內糕點店累積經驗後，再任職於製菓專門學校，於2006年在東麻布開設了糕點教室，翌年2007年開始販售糕點。2012年於淺草店內附設咖啡座，2014年開設松屋銀座店，並開始了參與活動設櫃以及創作坊等活動。藉由糕點製作創造出更多與客人邂逅的契機，與夥伴們抱著珍惜這樣緣分的心情，持續每天的糕點創作。

菓子工房ルスルス

浅草店（上）
東京都台東区浅草 3-31-7

東麻布店（下）
東京都港区東麻布 1-28-2

松屋銀座店
東京都中央区銀座 3-6-1

http://www.rusurusu.com/

Joy Cooking

人氣RESSOURCES菓子工坊餅乾配方大公開！值得一做再做

作者　新田あゆ子

翻譯　胡家齊

出版者　出版菊文化事業有限公司 P.C. Publishing Co.

發行人　趙天德

總編輯　車東蔚

文案編輯　編輯部

美術編輯　R.C. Work Shop

台北市雨聲街77號1樓

TEL：(02)2838-7996　　FAX：(02)2836-0028

法律顧問　劉陽明律師　名陽法律事務所

初版日期　2018年7月

定價　新台幣 320元

ISBN-13：9789866210617　　書　號　J130

讀者專線　(02)2836-0069
www.ecook.com.tw
E-mail　service@ecook.com.tw
劃撥帳號　19260956 大境文化事業有限公司

協助製作　新田まゆ子
設　計　福間優子
攝　影　福尾美雪
採　訪　守屋かおる

日本語版校正　西進社
編　集　櫻岡美佳

special thanks
sasaki maki, yamane tetsuya, rusurusu staff
KASHI KOBO RESSOURCES KARA ANATANI
TSUKURI TSUZUKETAI COOKIE NO HON by Ayuko Nitta
Copyright © 2016 Ayuko Nitta, Mynavi Publishing Corporation
All rights reserved.
Original Japanese edition published by Mynavi Publishing Corporation.
This Traditional Chinese edition is published by arrangement with Mynavi Publishing
Corporation, Tokyo in care of Tuttle-Mori Agency, Inc., Tokyo

人氣RESSOURCES菓子工坊餅乾配方大公開！值得一做再做
新田あゆ子 著 初版. 臺北市：出版菊文化，
2018 96面；19×26公分. ----(Joy Cooking系列；130)
ISBN-13：9789866210617
1.點心食譜
427.16　　107008246